完美互动手册

中文版 Flash CS6 完美互动手册

企鹅工作室　杨雨婷　编　著

清华大学出版社
北京

内 容 简 介

  Flash CS6 是一款强大的动画设计软件，在制作 MTV、小游戏、短片、片头、广告等方面被广泛应用。本书从基础开始，为读者系统地讲解了 Flash CS6 的基本操作与设计应用技巧。

  全书共分为 15 章和 1 个附录，主要内容包括：Flash CS6 基础入门，图形的绘制与编辑，对象的编辑与修饰，文本的创建与编辑，图层的管理和编辑，元件、实例和库的使用，外部资源的导入与应用，Flash 基本动画制作，Flash 高级动画制作，ActionScript 脚本的使用，Flash 特效应用，组件与按钮应用，Flash 动画的测试与发布，Flash 动画制作超强辅助工具，Flash CS6 设计实例以及 Flash CS6 快捷键等知识。

  本书内容翔实、案例丰富、全程图解、情景教学、超值实用。本书及配套多媒体光盘非常适合从事各种工作的专业技术人员学习使用，同时，本书也可以作为高职高专相关专业和电脑培训班的教材。

图书在版编目(CIP)数据

  中文版 Flash CS6 完美互动手册/企鹅工作室，杨雨婷编著. --北京：清华大学出版社，2014
(完美互动手册)

  ISBN 978-7-302-31080-8

  Ⅰ. ①中…   Ⅱ. ①企… ②杨…   Ⅲ. ①动画制作软件—手册   Ⅳ. ①TP391.41-62

  中国版本图书馆 CIP 数据核字(2012)第 303868 号

责任编辑：汤涌涛　李玉萍
装帧设计：李东旭
责任校对：王　晖
责任印制：杨　艳

出版发行：清华大学出版社
    网　　　址：http://www.tup.com.cn，http://www.wqbook.com
    地　　　址：北京清华大学学研大厦 A 座   邮　　编：100084
    社 总 机：010-62770175   邮　　购：010-62786544
    投稿与读者服务：010-62776969，c-service@tup.tsinghua.edu.cn
    质 量 反 馈：010-62772015，zhiliang@tup.tsinghua.edu.cn
    课 件 下 载：http://www.tup.com.cn,010-62791865
印 刷 者：北京鑫丰华彩印有限公司
装 订 者：三河市溧源装订厂
经　　销：全国新华书店
开　　本：185mm×260mm   印　张：20.25   字　　数：474 千字
    附光盘 1 张
版　　次：2014 年 1 月第 1 版   印　　次：2014 年 1 月第 1 次印刷
印　　数：1～3000
定　　价：46.00 元

产品编号：043304-01

前　言

　　Flash CS6 是一款强大的动画设计软件，它在广告设计、动画制作、游戏制作等方面被广泛应用。Flash CS6 具有 XFL 格式、文本布局、代码片段库、与 Flash Builder 完美集成、与 Flash Catalyst 完美集成以及 Flash Player 10.1 极其表现力的实时动态效果六大特点。本书从实用的角度出发，全面、详细、丰富地讲解了 Flash CS6 中各种相关知识内容。在进行知识点讲解的同时，列举了大量实例，使读者能在实践中掌握 Flash CS6 的应用和技巧。

本书特点

　　本书具有以下特点。

　　● 　内容翔实，案例丰富：本书章节经过科学编排，由浅入深，用最精练的语言包含最多的知识，结合实际案例，让读者在最短的时间里学会最实用有效的操作技能。

　　● 　全程图解，易于上手：图片演示、重点标注，再以简洁清晰的语言文字对知识内容进行补充说明，加强记忆，巩固知识，一学就会。

　　● 　栏目多样，轻松阅读："操作分析"让分步操作化繁为简；"知识补充"、"老师的话"补充操作细节，扩充实用知识技能；"电脑小百科"、"Flash CS6 小百科"随手翻书随手学。

　　● 　书盘结合，完美互动：配套多媒体光盘，情景教学，学习知识生动有趣；章节互动，边学边练，掌握技能轻松高效。

本书内容

　　本书共 15 个章节和 1 个附录，主要内容如下。

本书章节	主要内容
第 1 章　Flash CS6 基础入门	介绍安装、启动和关闭 Flash CS6，快速新建和保存 Flash 文档等操作
第 2 章　图形的绘制与编辑	介绍选择工具、线条工具、铅笔工具、矩形工具和缩放工具等 Flash 常用工具的使用技巧
第 3 章　对象的编辑与修饰	介绍 Flash CS6 中对象的预览、变形、合并、修饰等操作技巧
第 4 章　文本的创建与编辑	介绍 Flash CS6 中文本的创建、使用和文字特效的制作
第 5 章　图层的管理和编辑	介绍 Flash CS6 中图层的选取、复制、删除、隐藏等相关知识和基本操作
第 6 章　元件、实例和库的使用	介绍 Flash CS6 中元件、实例、库的基本操作
第 7 章　外部资源的导入与应用	介绍导入图片、导入和编辑声音、压缩和输出声音、设置视频属性等操作和电子卡片制作实例
第 8 章　Flash 基本动画制作	介绍 Flash 中帧的插入、删除、复制、移动、翻转等相关知识以及基本动画操作

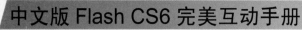

续表

本书章节	主要内容
第 9 章　Flash 高级动画制作	介绍 Flash CS6 中遮罩动画、引导动画和场景动画的相关知识及其基本操作
第 10 章　ActionScript 脚本的使用	介绍控制影片的播放和停止、加载或卸载外部影片剪辑、加载变量和为影片剪辑元件添加动作等技巧
第 11 章　Flash 特效应用	介绍 Flash CS6 中滤镜和混合模式的相关知识及其基本操作
第 12 章　组件与按钮应用	介绍 Flash CS6 中几种常见的 Flash 组件应用技术和基本操作以及制作音乐链接按钮实例
第 13 章　Flash 动画的测试与发布	介绍测试动画、优化动画、导出动画、发布动画和动画预览等技巧
第 14 章　Flash 动画制作超强辅助工具	介绍 Flash CS6 中 Mix-FX、SWISHMAX、硕思闪客精灵 MX 2005、Sound Forge 等辅助工具的相关知识及其基本操作
第 15 章　Flash CS6 设计实例	介绍使用 Flash CS6 制作贺卡、制作网页广告、制作自动考试题、制作小游戏、制作 MTV 短片动画等实例
附录　Flash CS6 快捷键	介绍使用 Flash CS6 时会用到的常用快捷键

联系我们

　　本丛书由"企鹅工作室"集体创作，参与编写的人员有杨雨婷、陈镇、谢霞玲、徐海霞、张珊珊、吴琪菊、余素芬、朱春英、费一峰、任晓芳、袁盐、张云霞、王礼龙、席启雄、潘龙刚、潘琴琴、吴海燕等。

　　由于时间仓促以及作者水平有限，书中难免会有疏漏和不妥之处，敬请广大读者批评指正，读者服务邮箱：ruby1204@gmail.com。

目　录

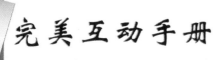
完美互动手册

第1章

Flash CS6 基础入门

本章导读

Flash CS6 是一款功能强大的动画设计软件，该软件在动画制作、广告设计、游戏制作等方面被广泛应用。

本章主要介绍 Flash CS6 的安装、运行和卸载方法，重点介绍了 Flash CS6 的操作界面和基本工具以及 Flash 文档的基本操作，详细介绍了 Flash CS6 的相关知识，帮助读者快速熟悉 Flash CS6 这款软件。

精彩看点

- Flash 软件的安装、卸载
- Flash 操作界面和基本工具
- Flash 软件的运行
- Flash 文档的基本操作

1.1 Flash 的安装、运行与卸载

Adobe Flash CS6 软件可以用来创建交互式网站、丰富的媒体广告、指导性媒体、引人入胜的演示和游戏等。Flash 同 Dreamweaver、Fireworks 总称为"网页三剑客"。

下面首先介绍一下 Flash CS6 的安装、卸载、运行、退出等相关知识。

▬▬书盘互动指导▬▬

⊙ 示例	⊙ 在光盘中的位置	⊙ 书盘互动情况
	1.1 Flash 的安装、运行与卸载 1. 安装 Flash CS6 2. 运行 Flash CS6 3. 卸载 Flash CS6	本节主要带领大家全面学习 Flash 的安装、运行与卸载，在光盘 1.1 节中有相关内容的操作视频，并特别针对本节内容设置了具体的实例分析。大家可以在阅读本节内容后再学习光盘，以达到巩固和提升的效果。

1.1.1 安装 Flash CS6

在使用 Flash CS6 之前，首先要安装该软件。安装 Flash CS6 的具体操作步骤如下。

 Flash CS6 的安装和其他软件的安装步骤无太大差别，用户可以参照下面的图解一起来安装 Flash CS6。

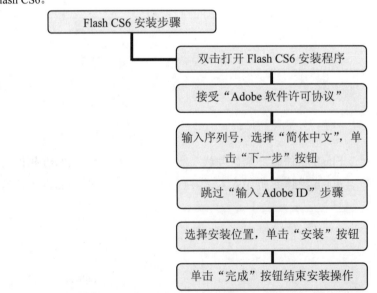

电脑小百科

按 Ctrl+Alt+Del 组合键，在弹出的任务管理器窗口中选择"关机"→"关闭"命令，并按住 Ctrl 键，系统就会在不到 1 秒钟的时间内关闭。

❶ 双击 Flash CS6 的安装程序图标，打开安装程序，如图 1-1 所示。

图 1-1　初始化安装程序

❷ 在弹出的"Adobe 软件许可协议"界面中，单击"接受"按钮，如图 1-2 所示。

图 1-2　"接受"软件许可协议

❸ 在弹出的"序列号"界面内输入序列号，单击"下一步"按钮，如图 1-3 所示。

❹ 在弹出的"选项"界面内选择要安装的位置，单击"安装"按钮，如图 1-4 所示。

图 1-3　输入序列号　　　　　　　图 1-4　选择安装位置

❺ 根据电脑运行速度的不同，大概需要 10～20 分钟时间，请耐心等待，如图 1-5 所示。

❻ 待 Flash CS6 安装完成后，单击"完成"按钮结束安装操作，如图 1-6 所示。

电脑小百科

按 Ctrl+O 组合键或者单击主工具栏的"打开"按钮可以打开 Flash 文档。

图 1-5　"安装"界面　　　　　　　　图 1-6　完成安装

　　和大多数软件一样，当安装了 Flash CS6 之后，即可通过以下任意一种方法来启动 Flash CS6 软件，从而进入到 Flash CS6 的启动界面中。

　　使用桌面快捷方式启动时，如果桌面还没有创建该组件的快捷方式，则需要先在桌面上创建快捷方式，然后双击该图标即可。

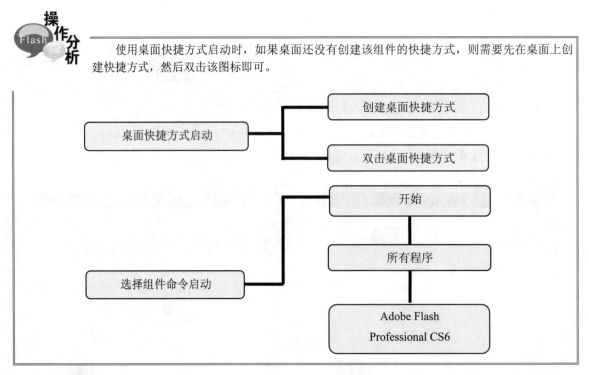

1. 桌面快捷方式启动

　　使用桌面快捷方式启动 Flash CS6 时，如果桌面没有创建 Flash CS6 的快捷方式，用户可以选择"开始"→"程序"→Adobe Flash Professional CS6→"发送到"→"桌面快捷方式"命令，如图 1-7 所示。

电脑应放置于整洁的房间内，因为灰尘会对电脑的所有配件造成不良影响，从而缩短其使用寿命或影响其性能。

双击 Adobe Flash Professional CS6 桌面快捷方式图标，即可运行 Flash CS6 软件，如图 1-8 所示。

图 1-7　创建 Flash 快捷方式

图 1-8　双击图标运行 Flash

2. 选择组件命令启动

用户也可以选择"开始"菜单里的命令来启动 Flash CS6。

选择"开始"→"程序"→Adobe Flash Professional CS6 命令，如图 1-9 所示。

Adobe Flash Professional CS6 正在启动，如图 1-10 所示。

图 1-9　通过"开始"菜单启动 Flash

图 1-10　Flash 软件正在启动

知识补充

如果用户电脑内存有已经创建好的 Flash CS6 文档(*.fla 格式文档)，也可以双击该文档运行 Flash CS6 软件。

1.1.3　卸载 Flash CS6

Flash CS6 软件安装完毕后，若软件无法正常运行，可以通过以下方法卸载 Flash CS6。

单击"开始"菜单→选择"Windows 控制面板"选项→双击"添加或删除程序"选项→选择 Adobe Flash Professional CS6 选项→单击"更改/删除"按钮，按屏幕说明进行操作。

按 Ctrl+J 组合键，可以设置文档的属性。

1.2 Flash CS6 的操作界面

Flash CS6 的工作区包括标题栏、菜单栏、主工具栏、工具箱、时间轴、场景和舞台、属性面板和其他各种面板等，如图 1-11 所示。

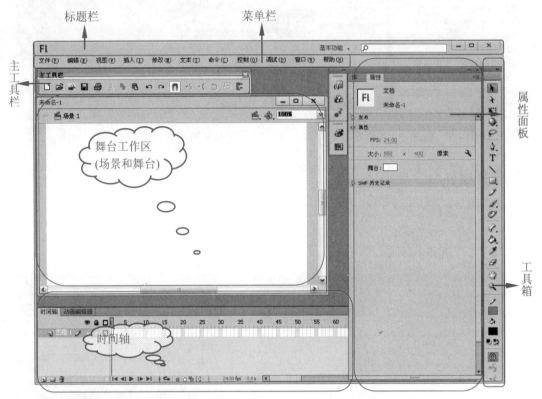

图 1-11 Flash CS6 的操作界面

1. 操作界面介绍

- 菜单栏：菜单栏包括"文件"、"编辑"、"视图"、"插入"、"修改"、"文本"、"命令"、"控制"、"调试"、"窗口"和"帮助"11 个菜单项。Flash CS6 中几乎所有的命令都可以从这些菜单栏中找到。

- 主工具栏：为方便使用，Flash CS6 将一些常用命令以按钮的形式组织在一起，置于操作界面的上方。主工具栏中依次为："新建"、"打开"、"转到 Bridge"、"保存"、"打印"、"剪切"、"复制"、"粘贴"、"撤销"、"重做"、"对齐对象"、"平滑"、"伸直"、"旋转与倾斜"、"缩放"以及"对齐"按钮。

- 工具箱：工具箱通常位于窗口左侧，也可以将其拖动到其他任意位置。工具箱包括工具、查看、颜色和选项四大区域。表 1-1 列出了 Flash CS6 工具箱的各种工具图标及其名称。

当使用完电脑后，一般不能通过强行关闭电源来退出系统，这样会导致系统和文件的损坏，应通过选择"开始"→"关闭计算机"命令来关闭系统。

表 1-1 Flash CS6 工具图标及名称

图标	名称	图标	名称
	选择工具		多角星形工具
	部分选取工具		铅笔工具
	任意变形工具		刷子工具
	渐变变形工具		Deco 工具
	3D 旋转工具		骨骼工具
	3D 平移工具		绑定工具
	套索工具		颜料桶工具
	钢笔工具		墨水瓶工具
	添加锚点工具		滴管工具
	删除锚点工具		橡皮擦工具
	转换锚点工具		手形工具
	文本工具		缩放工具
	线条工具		笔触颜色工具
	矩形工具		填充颜色工具
	椭圆工具		黑白工具
	基本矩形工具		交换颜色工具
	基本椭圆工具		

- 时间轴：时间轴用于组织和控制文件内容在一定时间内播放。按照功能的不同，时间轴窗口分为左右两部分，分别为层控制区和时间线控制区，如图 1-12 所示。

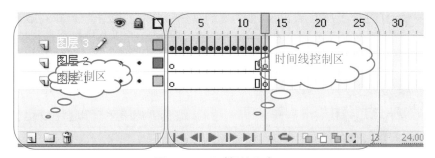

图 1-12 "时间轴"窗口

- 场景和舞台：场景是所有动画元素的最大活动空间，像多幕剧一样，场景可以不止一个。要查看特定场景，可以选择"视图"→"转到"命令，再从其子菜单中选择场景的名称。场景也就是常说的舞台，是编辑和播放动画的矩形区域。在舞台上可以放置和编辑向量插图、文本框、按钮、导入的位图图形、视频剪辑等对象。舞台包括大小、颜色等设置。

- 属性面板：对于正在使用的工具或资源，使用"属性"面板可以很容易地查看和更改它们的属性，从而简化文档的创建过程。当选定单个对象时，如文本、组件、形状、

从模板创建文档时，每一种模板类别包含有多种文档，每种文档都设置了相应的分辨率和相关内容。

位图、视频、组、帧等，"属性"面板可以显示相应的信息和设置。当选定了两个或多个不同类型的对象时，"属性"面板会显示选定对象的总数。

- 浮动面板：使用该面板可以查看、组合和更改资源。但屏幕的大小有限，为了尽量使工作区最大，Flash CS6 提供了多种自定义工作区的方式，如可以通过"窗口"菜单显示、隐藏面板，还可以通过鼠标拖动来调整面板的大小以及重新组合面板。

2. 认识常用面板

常用的面板有"属性"、"变形"、"库"、"对齐"、"动作"、"颜色"、"信息"以及"样本"面板等，这些面板主要是对舞台中的对象进行各种属性设置。

- "属性"面板用于显示和编辑对象的属性。如果没有选中任何对象，即选择整个文档，这时用户可以在该面板中设置文档的尺寸、背景色和帧的速率等，如图 1-13 所示。
- "变形"面板能够设置对象的大小、旋转和倾斜等属性，如图 1-14 所示。

图 1-13　"属性"面板

图 1-14　"变形"面板

- "库"面板包含了所有在 Flash 中创建的原件和导入的文件，如图 1-15 所示。
- "对齐"面板用于对象在舞台中的对齐、分布、匹配大小和间隔的属性设置，如图 1-16 所示。

图 1-15　"库"面板

图 1-16　"对齐"面板

高频率的内存用于某些不支持此频率内存条的主板上，有时会出现即使加大内存，系统资源也会降低的情况。

● "动作"面板能够创建和编辑对象或帧的动作。编写动作脚本都是在"动作"面板的编辑环境中进行的，如图 1-17 所示。

● "颜色"面板可以设置对象的颜色属性，如图 1-18 所示。

图 1-17　"动作"面板

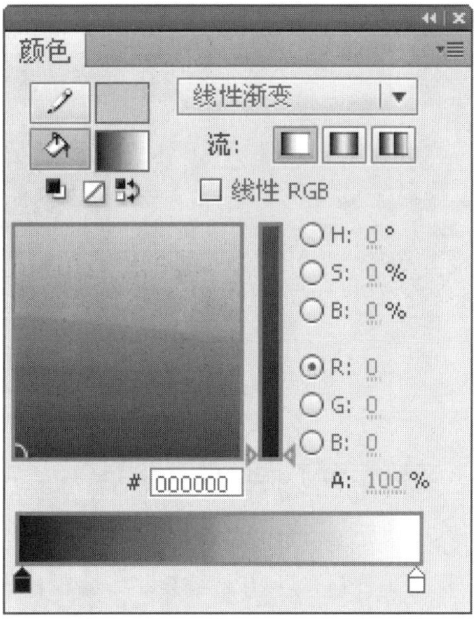

图 1-18　"颜色"面板

● "信息"面板能够显示所选对象的大小、颜色和位置，如图 1-19 所示。

● "样本"面板用于显示和选择样板的颜色，如图 1-20 所示。

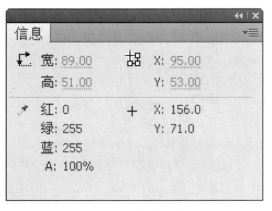

图 1-19　"信息"面板

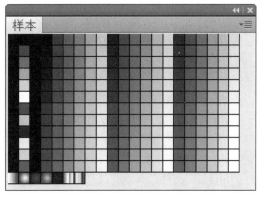

图 1-20　"样本"面板

3. 设置舞台工作区的大小和颜色

在使用 Flash CS6 时，用户可以根据实际情况调整舞台的大小和颜色，具体操作步骤如下。

❶ 选择"修改"→"文档"命令，弹出"文档设置"对话框，如图 1-21 所示。

❷ 完成设置后单击"确定"按钮。

如果文档中包含未保存的内容，则在文档标题栏、应用程序标题栏和文档选项卡中的文档名称会出现一个星号(*)。

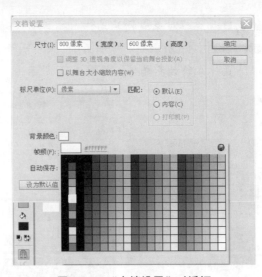

图 1-21　"文档设置"对话框

4. 调整舞台工作区的比例色

舞台工作区显示比例的调整方法如下。

在舞台工作区的上方是编辑栏，编辑栏内的右边有一个可改变舞台工作区显示比例的下拉列表框。利用该下拉列表框，用户可以选择下拉列表框内的选项或输入百分比来改变显示比例，如图 1-22 所示。

图 1-22　编辑栏下拉列表框

- "符合窗口大小"选项：可以按窗口大小显示舞台工作区。
- "显示帧"选项：可以调整舞台工作区的显示比例，使舞台工作区完全显示。
- "显示全部"选项：可以调整舞台工作区的显示比例，显示舞台工作区内的所有对象。
- 100%(或其他百分比数)选项：可以按 100%比例(或其他比例)显示。

在视图内调整舞台比例的步骤如下。

❶ 启动 Flash CS6。

❷ 选择"视图"→"缩放比率"命令，如图 1-23 所示。

在 Flash CS6 中，按下 Ctrl+Shift+O 组合键可以打开外部库。

图 1-23 视图内调整舞台比例

5. 调整工作区布局

使用 Flash CS6 软件时，用户可以根据自己的喜好或工作的需要，重新调整各面板的位置以及显示形式。

- 拖动调整面板位置：用户可以用鼠标按住 Flash CS6 内的某一工作面板，并将其拖动到任意位置，如图 1-24 所示。
- 合并工作面板：用户可以用鼠标按住 Flash CS6 内的某一工作面板，并将其拖动到另一工作面板的位置，使其与之合并，如图 1-25 所示。

图 1-24 调整面板位置

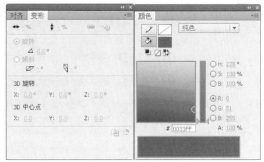

图 1-25 合并工作面板

知识补充 ★

工作面板可以合并，也可以拆分。用户用鼠标按住 Flash CS6 面板组内的某一面板，并拖动到另一位置，使其与之分离。

6. 使用网格和标尺

使用 Flash CS6 软件时，如果需要将对象进行精确定位，用户可以使用网格和标尺。使用网格精确定位的具体操作步骤如下。

1 选择"视图"→"网格"→"显示网格"命令可以显示网格，如图 1-26 所示。

用户可在"文档选项卡"标题栏中单击鼠标右键，然后从弹出的快捷菜单中选择相应的命令来关闭 Flash 文档。

② 再次选择"视图"→"网格"→"显示网格"命令可以隐藏网格。

③ 选择"视图"→"网格"→"编辑网格"命令可以修改网格属性，如图 1-27 所示。

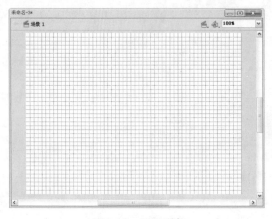

图 1-26　显示网格　　　　　　　　　　图 1-27　网格属性

使用标尺精确定位的具体操作步骤如下。

① 选择"视图"→"标尺"命令可以显示标尺，如图 1-28 所示。

② 再次选择"视图"→"标尺"命令即可隐藏标尺。

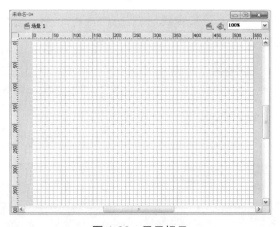

图 1-28　显示标尺

知识补充 ★

　　将光标定位到标尺上，单击并拉出一条线，这条线就是辅助线，用户可以将对象定位到指定位置，该功能与网格的定位类似。

1.3　Flash 文档的基本操作

　　在 Flash CS6 环境中创建和保存 Flash CS6 文档时，其文档格式为 *.fla 文件格式。若要在 Flash Player 中显示文档，则必须将其文档发布或导出为 *.swf 格式的文件。

按 Win+E 组合键，可以快速打开 Windows 资源管理器。

■■书盘互动指导■■

⊙ 示例	⊙ 在光盘中的位置	⊙ 书盘互动情况
	1.3 Flash 文档的基本操作 1. 新建动画文档 2. 打开动画文档 3. 保存动画文档 4. 关闭动画文档	本节主要带领大家全面学习 Flash 文档的基本操作，在光盘 1.3 节中有相关内容的操作视频，并特别针对本节内容设置了具体的实例分析。 大家可以在阅读本节内容后再学习光盘，以达到巩固和提升的效果。

1.3.1　新建动画文档

Flash CS6 文档有很多不同类型，用户在新建文档时，需要有针对性地选择。

跟着做 1 ● 新建空白文档

新建空白文档的具体操作步骤如下。

❶ 选择"文件"→"新建"命令，如图 1-29 所示。

❷ 弹出"新建文档"对话框，如图 1-30 所示。

❸ 切换到"常规"选项卡，在"类型"列表框中选择新建的 Flash 类型，单击"确定"按钮。

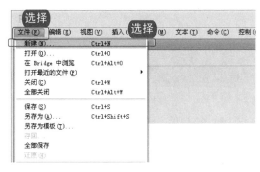

图 1-29　选择"文件"→"新建"命令

图 1-30　"新建文档"对话框

知识补充 ★

Flash 软件和其他软件一样，有很多使用方便的快捷键。在 Flash CS6 窗口中直接按 Ctrl+N 组合键可以快速新建 Flash CS6 文档。当选择每一种 Flash 文档类型时，即可在右边的"描述"区域中显示该文档的说明。

跟着做 2 ● 使用模板创建新文档

模板是一种由系统提供的或由用户创建的特殊文档。通过模板创建的文档具有相同的格式，

在舞台上显示水平和垂直的等距网格线，有助于对舞台中各对象的编辑操作。
在设置网格的参数时，即可在视图中看到所修改的效果。

从模板新建文档的具体操作步骤如下。

① 启动 Flash CS6，选择"文件"→"新建"命令，弹出"新建文档"对话框，如图 1-31 所示。

② 在弹出的"新建文档"对话框中，选择"模板"选项卡，切换到"从模板新建"对话框，如图 1-32 所示。

③ 在"类别"列表框中选择一个类别，在"模板"列表框中选择一种模板，然后单击"确定"按钮。

图 1-31 "新建文档"对话框　　　　图 1-32 "从模板新建"对话框

知识补充

　　Flash CS6 的模板中，有不少实用的模板。在新建某些特殊的文档时，选择相应的模板类别能够起到事半功倍的效果。

　　用户也可以在打开的 Flash CS6 界面中直接选中需要新建的文档类型快速创建文档，如图 1-33 所示。

图 1-33 快速创建 Flash 文档

1.3.2 打开动画文档

　　在 Flash CS6 中打开文档有多种方法，以下介绍两种常见的打开文档的方法。

跟着做 1　通过"打开"命令打开文档

　　通过"打开"命令打开文档的具体操作步骤如下。

　　电脑主机在运行过程中会产生大量的热量，因过热而导致系统无法正常工作的情况时有发生。虽然主机内有散热风扇，但是如果室温过高，就会影响到主机的散热，所以平常放置主机的房间要保持通风良好，以调节室内温度。

1️⃣ 启动 Flash CS6。

2️⃣ 选择"文件"→"打开"命令，如图 1-34 所示。

3️⃣ 在弹出的"打开"对话框中，选择所要打开的"*.fla"文件，单击"打开"按钮，如图 1-35 所示。

图 1-34 选择"文件"→"打开"命令　　　　图 1-35 "打开"对话框

跟着做 2🖚 打开最近使用的文档

打开最近使用的文档，具体操作步骤如下。

1️⃣ 启动 Flash CS6。

2️⃣ 选择"文件"→"打开最近的文件"命令，如图 1-36 所示。

图 1-36 打开最近使用的 Flash 文档

知识补充 ★

　　打开 Flash CS6 动画文档的方法还有：①双击选中的 Flash CS6 文件；②右击选中的 Flash CS6 文件，在弹出的快捷菜单中选择"打开"命令；③选中文件，按 Enter 键也可以打开文档。

1.3.3 保存动画文档

　　文档编辑完后，可以根据不同的需要进行不同功能的保存。新建的文档需要指定保存的位置，已经保存过的文档有直接保存和另存为两种保存方式。

电脑小百科

　　用户可在"新建"区域中选择要建立的各种文件的类型。

跟着做 1 ☞ 保存新建的文档

第一次保存文档时，需要为新建的文档设置一个文件名称。

① 启动 Flash CS6，选择"文件"→"保存"命令，如图 1-37 所示。

② 在弹出的"另存为"对话框的"文件名"下拉列表框中输入要保存的文件名，单击"保存"按钮，如图 1-38 所示。

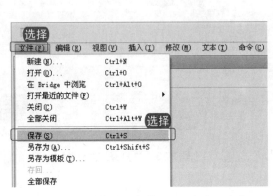

图 1-37　选择"文件"→"保存"命令　　　　图 1-38　输入文件名保存文档

知识补充 ★

　　保存文件时，其保存位置最好选择系统盘(C 盘)之外的盘符。因为一旦系统由于病毒侵扰或者其他原因而导致崩溃时，保存在系统盘中的资料将很难恢复。

跟着做 2 ☞ 另存为文档

在 Flash CS6 中可以将保存过的文档另存为一个新的文档，具体操作步骤如下。

① 启动 Flash CS6。

② 选择"文件"→"另存为"命令，如图 1-39 所示。

③ 在弹出的"另存为"对话框的"文件名"下拉列表框中输入要保存的文件名，单击"保存"按钮，如图 1-40 所示。

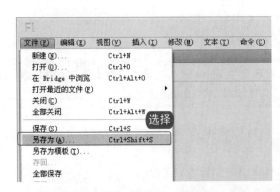

图 1-39　选择"文件"→"另存为"命令　　　　图 1-40　输入文件名保存文档

电脑显示器在使用中要注意防潮和防燥，如果长时间不用显示器的话，最好定期通电工作一段时间，以使显示器工作时产生的热量将机内的潮气蒸发出去；如果室内过于干燥，建议适当增加室内湿度。

1.3.4 关闭动画文档

关闭 Flash 动画文档的方法很多，下面介绍几种常用的方法。

- 在窗口中按 Ctrl+W 组合键，若要关闭所有的 Flash 文档，可以按 Ctrl + Alt + W 组合键。
- 单击窗口右上角的"关闭"按钮 █x█ 。
- 在 Flash CS6 中选择"文件"→"退出"命令。

知识补充

在关闭一个动画文档时，如果对文档进行了修改，系统将会提醒用户是否保存该文档，用户可根据情况自行选择。

学 习 小 结

本章主要介绍了 Flash CS6 的安装、运行和卸载方法，重点介绍了 Flash CS6 的操作界面、常用工具和 Flash 文档的基本操作。

通过对本章的学习，读者能够对 Flash CS6 的基础知识有个系统的了解，熟悉如何安装、运行、卸载 Flash CS6，熟悉 Flash CS6 的基本界面和常用工具。

下面对本章的重点做个总结。

(1) 了解和认识 Flash 动画的基础知识是进一步学习 Flash 软件的基础。

(2) 熟悉 Flash CS6 基本界面和常用工具，对学习 Flash 软件有很大的帮助。

(3) 熟练掌握 Flash 文档的基本操作。

互 动 练 习

1．选择题

(1) Flash CS6 是由(   )公司开发的。

    A．Adobe 公司   B．Macromedia 公司

    C．Microsoft 公司   D．Adobe 公司和 Macromedia 公司

(2) (   )不是 Flash CS6 从模板创建的文件类别。

    A．动画   B．广告

    C．视频   D．演示文稿

(3) (   )格式的文件是在 Flash 程序中创建的，是所有项目的源文件，此类型的文件只能在 Flash 中打开。

    A．.fla   B．.swf

    C．.jpeg   D．.flv

(4) (   )不是 Flash CS6 软件工作区的一部分。

    A．工具箱   B．时间轴

    C．菜单栏   D．元件

(5) 在"工具箱"面板中单击"缩放"工具按钮后，可以按住(   )键进行缩小与放大的切

保存 Flash 文件时，如果文件已经命名，则再次保存时，将不会打开"另存为"对话框。"另存为"对话框只在第一次保存时弹出。

换操作。

    A．Ctrl   B．Alt

    C．Shift   D．Ctrl+Shift

2．思考与上机题

(1) 在 Flash CS6 中新建一个 Flash 动画文档，以"new1"为文件名将该文档保存到 D 盘。

(2) 怎样将 Flash CS6 中的文档保存为模板？

(3) 熟悉 Flash CS6 的主要工具以及新增功能，尝试使用 Deco 绘制工具。

(4) 在 Flash CS6 中按以下要求进行操作。

制作要求：

① 启动 Flash CS6。

② 从模板新建一个模板为"雪景脚本"的动画文档。

③ 以"雪景"为文件名保存到 D 盘。

大多数键盘不具备防水功能，一旦有液体流进，便会使键盘受到损害，造成接触不良、腐蚀电路、短路等故障，因此电脑键盘要注意防水。

完美互动手册

第 2 章

图形的绘制与编辑

本章导读

　　图形的熟练绘制是制作 Flash 动画的基础，图形的编辑和有效的色彩填充能够使图形更加生动活泼，这样可提高动画的制作速度和质量。Flash CS6 自身提供了较多的绘图工具及编辑工具，为了制作出造型精美、色彩丰富的动画，我们要学习掌握 Flash CS6 工具箱中各种工具的使用方法。

　　本章主要介绍 Flash CS6 中基本线条与图形的绘制、复杂图形的绘制、图形的编辑和图形颜色处理的相关知识及其基本操作，并通过实战的应用，分析、巩固和强化理论知识，帮助读者快速掌握 Flash 图形的编辑和绘制。

精彩看点

- 基本线条与图形的绘制
- 复杂图形的绘制
- 图形的编辑
- 图形颜色处理
- 变形工具
- 颜色面板

2.1　基本线条与图形的绘制

线条和图形的绘制是制作动画的基础，我们将通过以下 4 个工具来学习基本线条和图形的绘制技巧。如图 2-1 所示是绘制图形的基本工具。

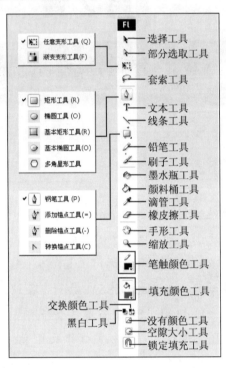

图 2-1　绘制图形的基本工具

＝＝书盘互动指导＝＝

⊙ 示例	⊙ 在光盘中的位置	⊙ 书盘互动情况
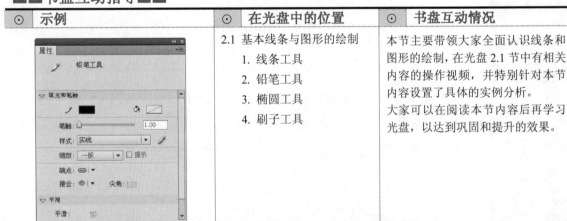	2.1　基本线条与图形的绘制 1. 线条工具 2. 铅笔工具 3. 椭圆工具 4. 刷子工具	本节主要带领大家全面认识线条和图形的绘制，在光盘 2.1 节中有相关内容的操作视频，并特别针对本节内容设置了具体的实例分析。 大家可以在阅读本节内容后再学习光盘，以达到巩固和提升的效果。

当发现应用软件出现故障时，可以在"添加/删除程序"窗口中将该软件先卸载掉，然后重新安装一次。

2.1.1 线条工具

"线条"工具 ＼ 主要用来绘制各种各样的矢量线段。用"线条"工具绘制直线的具体操作步骤如下。

❶ 在工具箱中选择"线条"工具 ＼。

❷ 选择"窗口"→"属性"命令或者按 Ctrl+F3 组合键，打开"属性"面板，如图 2-2 所示。

❸ 在"属性"面板中，用户可以通过设置相关参数，来修改线条颜色、粗细和样式等，如图 2-3 所示。

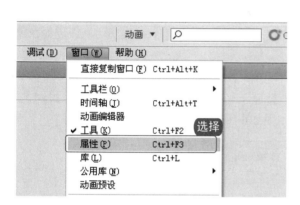

图 2-2 选择"窗口"→"属性"命令

图 2-3 设置"线条"工具的属性

❹ 将鼠标指针移动到舞台上，按住鼠标左键拖动，绘制一条直线，如图 2-4 所示。

❺ 到达一定位置后释放鼠标，效果如图 2-5 所示。

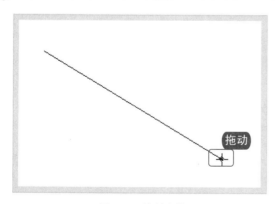

图 2-4 绘制直线

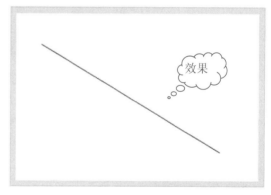

图 2-5 直线效果

知识补充 ★

　　直线的倾斜角度是由鼠标拖动的方向决定的，若同时按住 Shift 键就可以绘制 45°角倍数的直线。如果要改变所绘制直线的属性，使用"选择"工具 ＼ 将直线选中，然后在"属性"面板中进行修改。读者不妨试一试。

　　在 Flash 动画制作过程中，将使用大量的矢量图形。虽然有一些功能强大的矢量图绘制软件，但运用 Flash 自身的矢量绘图功能会更方便、快捷。

2.1.2 铅笔工具

"铅笔"工具 ✎ 主要用来绘制线条和形状，其绘制的方法与实际使用真实铅笔大致相同。在"工具箱"中选择"铅笔"工具后，用户可根据需要选择绘制模式，具体模式如下。

- 直线化：将所绘制的曲线拉成直线线条，如比较规则的图形。
- 平滑：将所绘制的曲线调整成为平滑曲线线条。
- 墨水：可以绘制随意的手绘线条。

知识补充

选择"编辑"→"首选参数"命令，在打开的"首选参数"对话框中，选择"绘画"选项，则可以对连接线、平滑曲线、默认线等进行设置。

在使用"铅笔"工具绘制图形时，与"线条"工具的绘制方法基本相同，具体操作步骤如下。

1. 设置铅笔工具的属性

选择"铅笔"工具后，在"属性"面板中会显示当前铅笔工具的属性，用户可以通过设置相关参数，修改线条的粗细、颜色和样式等，如图 2-6 所示。

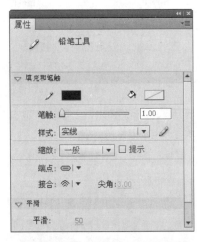

图 2-6 设置"铅笔"工具的属性

2. 使用铅笔工具

使用铅笔工具的具体操作步骤如下。

1️⃣ 选择"铅笔"工具 ✎。

2️⃣ 将鼠标指针移至舞台上，单击按住鼠标并拖至一定位置后释放鼠标，使用铅笔工具绘制不同的线段样式，如图 2-7 所示。

知识补充

选择铅笔工具后，用户可以选择工具箱下方的"铅笔模式"，在弹出的下拉列表框中选择"直线化"、"平滑"或"墨水"3 个选项修改铅笔所绘制的线段样式。

如果计算机不能正常启动，可以使用"安全模式"或者其他启动选项来启动计算机，成功后可以更改一些设置来排除系统故障，如使用"系统还原"、"返回驱动程序"或使用备份文件夹来恢复系统。

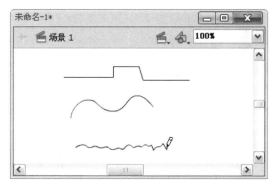

图 2-7 使用"铅笔"工具绘制不同的线段样式

2.1.3 椭圆工具

使用"椭圆"工具 ⚬ 可以绘制椭圆、扇形图形、正圆等。

跟着做 1 绘制椭圆

绘制椭圆的具体操作步骤如下。

① 在工具箱中选择"椭圆"工具。

② 选择"窗口"→"属性"命令，打开"属性"面板，设置椭圆的属性，如图 2-8 所示。

③ 在舞台上确定椭圆的起始位置，按住鼠标左键并向任意方向拖动即可绘制出一个椭圆。

④ 松开鼠标确定椭圆的大小，如图 2-9 所示。

图 2-8 设置"椭圆"工具的属性

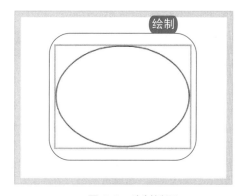

图 2-9 绘制椭圆

知识补充 ★

按住 Shift 键使用椭圆工具画出的圆是以边为起始点，按住 Alt 键使用椭圆工具画圆则是以圆心为起始点；选择椭圆工具后，再按住 Shift 键可绘制正圆。读者不妨试一试。

矢量图形是直线、曲线、颜色和位置的数学表示，它与分辨率无关，可以将图形无级缩放，或以任何分辨率显示，其图形都不会失真。

跟着做 2☞ 绘制"圆环"

圆环的绘制主要在于选项的设置，具体操作步骤如下。

① 在椭圆工具的"属性"面板中，设置"内径"的数值(内径值是按照百分比来计算的)，如图 2-10 所示。

② 在舞台上绘制一个圆环。

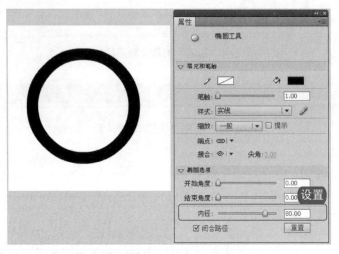

图 2-10　设置"内径"数值后绘制圆环

知识补充

在 Flash CS6 中绘制椭圆时，在椭圆"属性"面板的"开始角度"和"结束角度"文本框中输入相应的数值，可绘制扇形。

2.1.4　刷子工具

使用"刷子"工具🖌️可用指定的填充颜色和填充图案绘制图形。

1. 刷子选项

选择"刷子"工具🖌️后，在"工具箱"下方会出现"刷子模式"、"刷子形状"以及"刷子大小"3 个选项，用户可以根据需要进行设置，如图 2-11 所示。

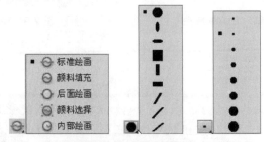

图 2-11　"刷子"选项

由于电脑板卡上的一些插槽或芯片采用插脚形式，因而震动、灰尘积累等常会造成引脚氧化、接触不良。这时，可用橡皮擦先擦去表面氧化层，如用专业的清洁剂效果更好，重新插接好后再开机检查故障是否排除。

2. 使用刷子工具

使用刷子工具绘制线条的操作步骤如下。

1️⃣ 选择"刷子"工具。

2️⃣ 设置刷子的模式、大小和形状,单击舞台工作区即可开始绘制。

3️⃣ 将鼠标指针拖曳至目标位置,松开鼠标即可完成绘制操作,如图 2-12 所示。

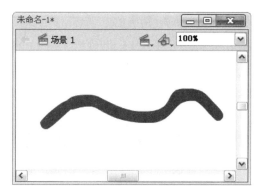

图 2-12　"刷子"工具的使用

3. 刷子大小与形状

根据用户的需要选择不同的刷子形状及大小,即可刷出不同的效果,如图 2-13 所示。

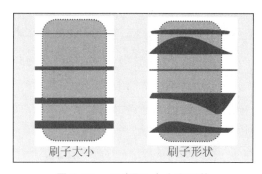

图 2-13　"刷子"大小和形状

 知识补充 ⭐

在 Flash CS6 中用刷子工具 🖌 绘制图形,刷子的颜色是由刷子工具的填充颜色来决定的,与轮廓描绘色无关。

2.2　复杂图形的绘制

复杂图形绘制工具包括矩形工具、多角星形工具、钢笔工具。下面我们来介绍一下复杂图形的绘制工具及其辅助工具。

电脑小百科

利用"选择"工具可以对选择的对象进行移动、复制、修改、旋转、推位、缩放操作等,而"部分选取"工具可以对选取对象的锚点和路径进行操作。

■■书盘互动指导■■

⊙ 示例	⊙ 在光盘中的位置	⊙ 书盘互动情况
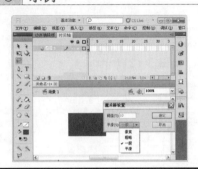	2.2 复杂图形的绘制 1. 矩形工具 2. 多角星形工具 3. 钢笔工具 4. 选择工具 5. 部分选取工具 6. 套索工具	本节主要带领大家学习复杂图形的绘制，在光盘 2.2 节中有相关内容的操作视频，并特别针对本节内容设置了具体的实例分析。 大家可以在阅读本节图书内容后再学习光盘，以达到巩固和提升的效果。

2.2.1 矩形工具

使用"矩形" ▢工具可以绘制正方形、矩形和圆角矩形等。要绘制矩形，可通过以下方法进行绘制。

跟着做 1 ☞ 绘制矩形

使用"矩形"工具绘制矩形的具体操作步骤如下。

❶ 在工具箱中选择"矩形"工具。

❷ 选择"窗口"→"属性"命令，打开"属性"面板，设置矩形的属性，如图 2-14 所示。

❸ 将鼠标指针移至舞台中，选择矩形的起始位置，按住鼠标左键并向任意方向拖动即可绘制出一个矩形，如图 2-15 所示。

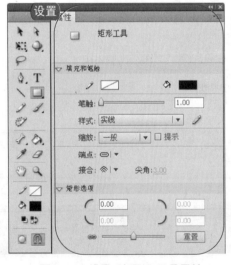

图 2-14 设置"矩形"工具属性

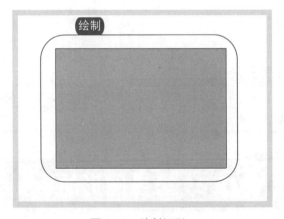

图 2-15 绘制矩形

用户若想使用"安全模式"或者其他启动选项启动计算机，在菜单出现时按 F8 键，使用方向键选择要使用的启动选项后按 Enter 键即可。

知识补充 ★

　　若要绘制正方形，应按住 Shift 键并拖动鼠标；若同时按住 Shift 和 Alt 键，则可从中心向外绘制正方形。读者不妨试一试。

跟着做 2 ☞ 绘制圆角矩形

　　绘制圆角矩形的具体操作步骤如下。

① 在"矩形"工具的"属性"面板中，根据需要设置不同圆角的半径值，如图 2-16 所示。

② 在舞台上绘制一个圆角矩形，如图 2-16 所示。

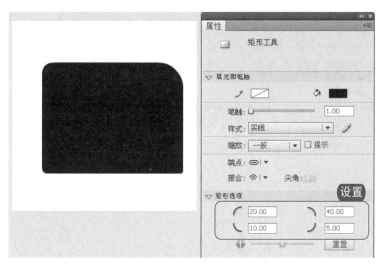

图 2-16　绘制圆角矩形

知识补充 ★

　　在 Flash CS6 中绘制矩形时，如果要将矩形的圆角半径值重新置零，可单击矩形"属性"面板中的"重置"按钮。选择矩形工具后，按住 Shift 键可绘制出正方形。

2.2.2　多角星形工具

　　使用多角星形工具 ○ 可以绘制任意边数的多边形和星形图形。

跟着做 1 ☞ 设置"多角星形"工具的属性

　　要绘制多角星形，首先要设置其工具属性和选项，具体操作步骤如下。

① 在工具箱中选择"多角星形"工具，如图 2-17 所示。

② 在选择"星形"工具后，在其"属性"面板中会显示多角星形工具当前的属性，如图 2-18 所示。

③ 用户可以通过设置相关参数，修改多角星形的线条粗细、颜色和样式等。

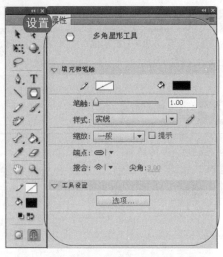

图 2-17　选择"星形"选项　　　　图 2-18　设置"多角星形工具"属性

知识补充 ★

　　在 Flash CS6 中绘制多角星形时，在多角星形"属性"面板中，如果设置填充颜色为空 ☑，即相当于绘制星形边框。

跟着做 2 ☞　绘制多角星形

　　绘制多角星形的具体操作步骤如下。

❶ 在舞台上确定星形的中心位置并单击。

❷ 拖动鼠标，如图 2-19 所示。

❸ 确定一角点的位置并松开鼠标，效果如图 2-20 所示。

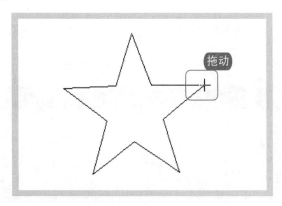

图 2-19　绘制多角星形　　　　　　　图 2-20　效果

知识补充 ★

　　在 Flash CS6 中绘制星形时，可以按住 Shift 键进行绘制，这样即可确定星形角点的具体位置。在设置多边形选项时，设定星形顶点大小的参数可以修改边角的缩进角度。

　　虽然系统还原支持在"安全模式"下使用，但是计算机在安全模式下运行"系统还原"不创建任何还原点。因此，当计算机在安全模式下运行时，无法撤销所执行的还原操作。

2.2.3　钢笔工具

使用"钢笔"工具可以精确地绘制出直线路径和曲线路径。它可以单击直线线段添加节点，也可以在曲线线段上单击并拖动来创建节点。

使用"钢笔"工具绘制图形时，可按照以下操作步骤进行绘制。

① 选择"钢笔"工具。

② 将鼠标指针移至舞台中，当其变成后，单击鼠标添加锚点，如图 2-21 所示。

③ 将鼠标指针移至第 1 个锚点，其变成后即可闭合路径，如图 2-22 所示。

图 2-21　使用"钢笔"工具添加锚点

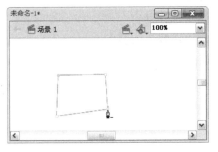

图 2-22　闭合路径的形成

④ 将鼠标指针移至已有锚点的位置，当其变成时，单击可以删除已添加的锚点，如图 2-23 所示。

⑤ 将鼠标指针移至线段没有锚点的位置，当其变成时，单击可以增加锚点，如图 2-24 所示。

图 2-23　删除锚点

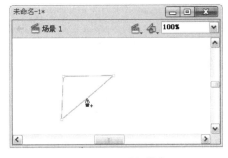

图 2-24　添加锚点

⑥ 将鼠标指针移至已有曲线锚点的位置，当其变成时，单击可以转换拐角锚点，如图 2-25 所示。

⑦ 用户还可以根据需要调整拐角锚点，如图 2-26 所示。

图 2-25　拐角锚点的转换

图 2-26　拐角锚点的调整

"部分选取"工具只能用于打散的矢量图，不能作用于位图。

在 Flash CS6 中，如果要用"钢笔"工具绘制封闭的路径，将鼠标指针置于第一个节点上，此时鼠标指针上将显示一个小圆圈，然后单击鼠标即可。若绘制水平、垂直或 45° 角的线段，应按住 Shift 键，然后在另一位置单击即可。

2.2.4 选择工具

在使用"选择"工具 时，单击要选择的对象，或者按住鼠标左键拖出一个矩形框，将需要选择的图形框住即可。

使用"选择"工具的具体操作步骤如下。

① 选择工具箱中的"选择"工具 。

② 单击或框选需要选择的图形，如图 2-27 所示。

图 2-27　图形选择

在 Flash CS6 中执行"打开"命令时，用户可以在"主工具栏"中单击"打开"按钮 ，或者按 Ctrl+O 组合键。

2.2.5 部分选取工具

在 Flash CS6 中，使用"部分选取"工具 可以通过所选取对象的节点，来实现对象的编辑、移动、变形等操作。

使用"部分选取"工具的具体操作步骤如下。

① 选择"部分选取"工具，将鼠标指针移至需要选中的图形上，如图 2-28 所示。

② 框选整个区域，会选中整个图形的节点，如图 2-29 所示。

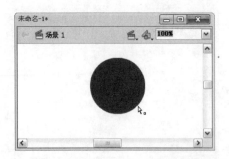

图 2-28　鼠标指针的定位

图 2-29　节点的选取

显示屏上出现一块比其他地方亮的现象被成为亮斑，是液晶显示屏的一种物理损伤，是由于亮斑部位的屏幕内部反光板受到外力压迫或者受热产生轻微变形所致。

在 Flash CS6 中使用 "部分选取" 工具时，需要注意的是， "部分选取" 工具只能用于打散的矢量图，不能作用于位图。

2.2.6　套索工具

使用套索工具可以选择舞台中一些不规则的区域，使用套索工具的具体操作步骤如下。

① 选择 "套索" 工具后，在工具箱下方会出现 "魔术棒" 、 "魔术棒设置" 以及 "多边形模式" 3 个选项，选择 "魔术棒设置" ，在弹出的 "魔术棒设置" 对话框中，根据需要设置魔术棒的阈值和平滑程度，如图 2-30 所示。

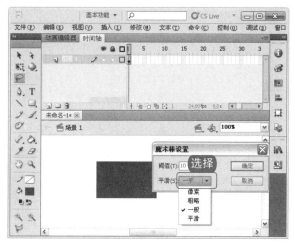

图 2-30　魔术棒设置

② 选择 "套索" 工具，将鼠标指针移至对象上，单击生成起始锚点，移动鼠标并单击，继续绘制锚点，如图 2-31 所示。

③ 完成图形选取后，双击鼠标生成选区，如图 2-32 所示。

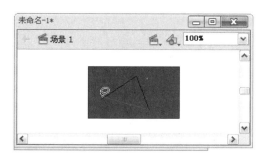

图 2-31　使用 "套索" 工具

图 2-32　生成的选区

"魔术棒设置" 对话框中的 "阈值" 选项用于定义选取范围内的颜色与单击处像素颜色的相近程度，输入的数值越大，选取的相邻区域范围就越大； "平滑" 选项用于设置选取范围边缘的平滑度。

电脑小百科

直线的倾斜角度是由鼠标拖动的方向来决定的，若同时按住 Shift 键就可以绘制45° 角倍数的直线。

2.3　图形的编辑

当绘制了简单的图形后，可以使用色彩工具对其进行颜色的改变，如"墨水瓶"工具 🖋、"颜料桶"工具 🖊 和"滴管"工具 🖋 等；还可以使用"填充变形"工具 🖼 对其进行填充变形操作。

■■书盘互动指导■■

⊙ 示例	⊙ 在光盘中的位置	⊙ 书盘互动情况
	2.3 图形的编辑 1. 墨水瓶工具 2. 颜料桶工具 3. 滴管工具 4. 橡皮擦工具图 5. 任意变形工具和渐变变形工具 6. 手形工具和缩放工具	本节主要带领大家全面学习图形的编辑，在光盘 2.3 节中有相关内容的操作视频，并特别针对本节内容设置了具体的实例分析。 大家可以在阅读本节内容后再学习光盘，以达到巩固和提升的效果。

2.3.1　墨水瓶工具

使用"墨水瓶"工具 🖋，可以同时修改多个对象的描绘属性，它主要用于修改矢量曲线的颜色、形状和宽度。使用墨水瓶工具的具体操作步骤如下。

❶ 打开或绘制椭圆与矩形，在工具箱中选择"墨水瓶"工具 🖋。

❷ 此时"属性"面板中会显示"墨水瓶工具"当前的属性，用户可以通过设置相关参数，来修改填充的笔触、颜色和样式等，如图 2-33 所示。

❸ 用鼠标在左侧圆上和右侧圆角矩形上单击，可以改变轮廓线属性，如图 2-34 所示。

图 2-33　设置"墨水瓶工具"属性

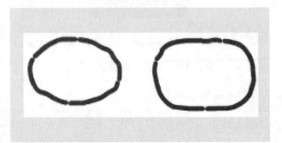

图 2-34　改变轮廓线属性

想要永久删除文件或文件夹，可以按 Shift+Del 组合键，或者按住 Shift 键并将对象拖到回收站即可。

如果鼠标单击的不是线条而是区域，则将修改该区域的轮廓线；如果该区域没有轮廓线，则自动增加轮廓线。

2.3.2　颜料桶工具

使用"颜料桶"工具可以对闭合和不完全闭合的区域进行颜色填充。

1. 颜料桶选项

选择"颜料桶"工具 后，在工具箱下侧的"选项"选区中将显示空隙大小和锁定填充选项，如图 2-35 所示。

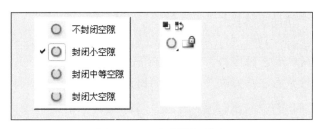

图 2-35　"颜料桶"选项

2. 设置颜料桶工具的属性

选择颜料桶工具后，"属性"面板中会显示"颜料桶工具"当前的属性，用户可以通过设置相关参数，来修改笔触、颜色和样式等，如图 2-36 所示。

图 2-36　"颜料桶工具"属性

3. 使用颜料桶工具

使用颜料桶工具的具体操作步骤如下。

① 选择"颜料桶"工具。

② 将鼠标指针移至需要填充的区域上，单击该区域即可，如图 2-37 所示。

CPU 是中央处理器(Center Processor Unit)的英文缩写，它是电脑的核心部分，主要由运算器和控制器组成。CPU 采用大规模集成电路技术把近亿个晶体管集成到一块小小的硅片上，因此也被称为微处理器。

图 2-37 用"颜料桶"填充

2.3.3 滴管工具

"滴管"工具✎主要从已有的矢量线、填充物、文字、位图中吸取颜色(即取样),从而获取属性值,但所吸取的图形必须是打散后的位图图像。

使用滴管工具提取色块的具体操作步骤如下。

① 选择"滴管"工具。

② 在舞台中单击需要提取颜色的区域,如图 2-38 所示。

③ 填充色变为所提取的颜色,在要改变填充色的图形中单击即可,如图 2-39 所示。

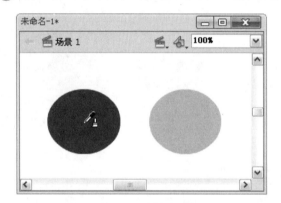

图 2-38 提取颜色

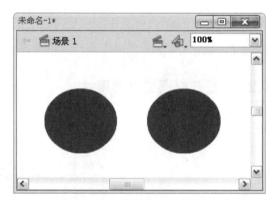

图 2-39 填充图形

知识补充 ⭐

在 Flash CS6 中,当用滴管工具在取样处单击后,该工具自动变成"墨水瓶"工具🖫,此时可以做填充操作。

2.3.4 橡皮擦工具

使用"橡皮擦"工具 🖉 可以擦除舞台中的图形对象,它提供了多种擦除模式来擦除图形的轮廓线和填充色。

选择橡皮擦工具后,工具箱下方会出现"橡皮擦模式"、"橡皮擦形状"以及"水龙头"三个选项,选择这三个选项可以进行不同设置,如图 2-40 所示。

● "橡皮擦模式"主要用于设置擦除的对象。

使用"钢笔"工具除了可以绘制直线和曲线路径外,还可以对其路径进行添加锚点、删除锚点和转换锚点的操作。

- "橡皮擦形状"主要用于设置橡皮擦的形状和大小。
- "水龙头"主要用于擦除选择区域内的整块填充色。

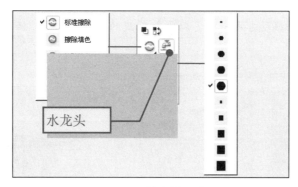

图 2-40 "橡皮擦"选项

2.3.5 任意变形工具和渐变变形工具

在 Flash CS6 中编辑图形时，任意变形工具和渐变变形工具是较为常用的工具。下面简单介绍一下这两个工具。

1. 任意变形工具

任意变形工具 [图标] 主要用于对图形进行缩放、旋转、倾斜、翻转、透视和封套等操作。利用该工具，选择需要变形的图形，在图形的 4 条边上就会出现 8 个控制点，这时可以用以下 3 种方法调整对象。

- 将鼠标指针移到控制点上时，按住鼠标左键拖曳可改变图形的大小尺寸；
- 当鼠标指针变为 ↻ 时，按住鼠标左键拖曳可旋转图形的角度；
- 当鼠标指针变为 ‖ 或 ↔ 时，按住鼠标左键拖曳可对图形进行倾斜变形。

2. 渐变变形工具

渐变变形工具 [图标] 主要用于调整填充物的大小、方向、位置、旋转、倾斜等属性，但它只能对线性填充、放射状填充和位图填充进行调整。

使用"渐变变形"工具 [图标] 改变对象径向渐变填充位置的具体操作步骤如下。

1 选择"渐变变形"工具，选中需要填充颜色的对象，如图 2-41 所示。
2 为径向渐变填充的对象使用渐变变形工具，其填充区域会出现 1 个渐变圆圈以及 4 个控制手柄。使用各手柄调整渐变填充的方向、距离、中心位置。如图 2-42 所示。

在对放射状渐变进行填充变形时，各手柄的作用分别如下。

- 中心点 ○：选择和移动中心点手柄可以更改渐变的中心点。中心点手柄的变换图标是一个四向箭头 ✛。
- 焦点 ▽（仅当选择放射状渐变时，才显示焦点手柄）：选择焦点手柄可以改变放射状渐变的焦点。焦点手柄的变换图标是一个带黑点的倒三角形 ▽。
- 大小 ○：单击并移动边框边缘中间的手柄图标可以调整渐变的大小。大小手柄的变换

在绘制椭圆时，在其"属性"面板中分别设置"开始角度"和"结束角度"的数值，可以创建不同形状的扇形。

图标是内部有一个箭头的圆。

- 旋转：单击并移动边框边缘底部的手柄可以调整渐变的旋转。旋转手柄的变换图标是 4 个圆形箭头。
- 宽度：单击并移动方形手柄可以调整渐变的宽度。宽度手柄的变换图标是一个双向箭头↔。

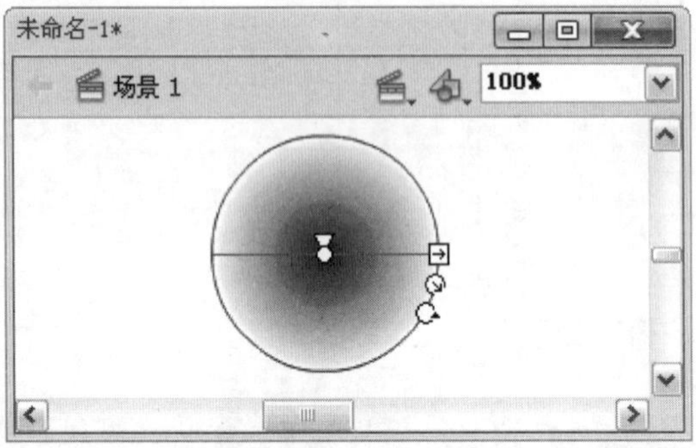

图 2-41　选中对象

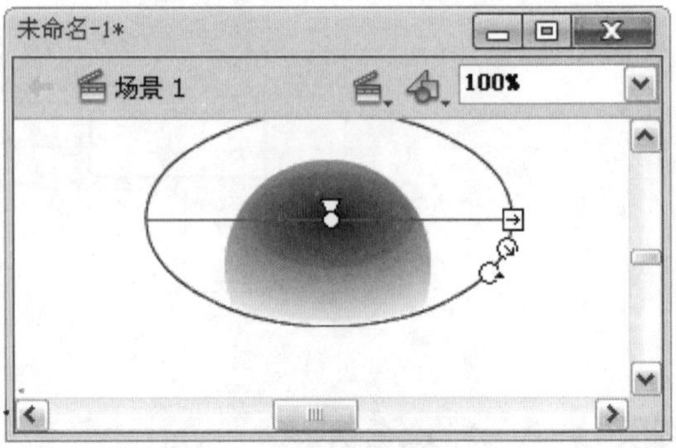

图 2-42　手柄的使用

使用“渐变变形”工具改变对象径向渐变填充位置的具体操作步骤如下。

1. 选择“渐变变形”工具，选中需要填充色彩的对象，如图 2-43 所示。
2. 在填充色的上方会显示一个带有编辑手柄的边框，拖动边框上的手柄即可改变渐变效果，如图 2-44 所示。

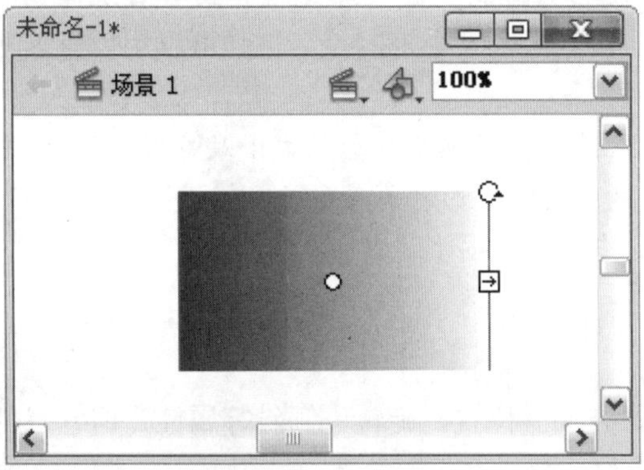

图 2-43　选中对象

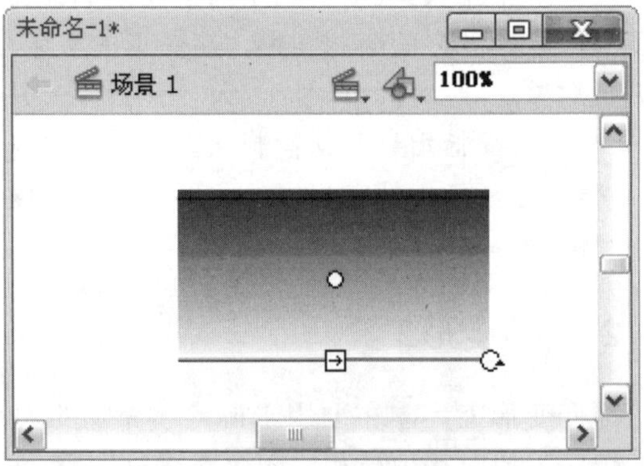

图 2-44　渐变效果的改变

知识补充

通过使用渐变变形工具，用户可以将选中对象的填充颜色处理为自己需要的各种颜色。在动画制作中经常要用到颜色的填充和调整，因此，熟练使用该工具是掌握 Flash 绘图的关键。

2.3.6　手形工具和缩放工具

在进行动画制作时，用户经常需要对舞台的大小进行移动、缩放等操作，即 Flash CS6 中所提供的“手形”工具和“缩放”工具。

电脑小百科

选择单元格，按 Ctrl+3、Ctrl+4 或 Ctrl+5 组合键，可以分别将所选文字设置为倾斜、加下划线或加删除线。

1. "手形"工具

使用"手形"工具 🖐 可以对舞台的工作区进行平移操作，此时鼠标呈 🖐 状，其快捷键是 H。

- 双击工具箱中的"手形"工具 🖐，可以将舞台窗口最大化显示图形，如图 2-45 所示。
- 在使用其他工具绘制图形时，按住 Space 键不放，此时鼠标呈 🖐 状，从而可以方便地对视图进行平移操作。

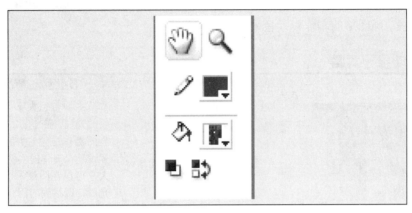

图 2-45 手形工具

2. "缩放"工具

使用"缩放"工具 🔍 可以对舞台场景的大小进行比例缩放，此时鼠标呈 🔍 或 🔍 状，其快捷键是 M 键或 Z 键。

- 单击"缩放"工具按钮 🔍 后，用户可按住 Alt 键进行放大或缩小的切换。
- 单击"缩放"工具按钮 🔍 后，用鼠标拖出一个矩形区域进行特定区域的放大。
- 按 Ctrl+=或 Ctrl+-组合键，可以进行放大或缩小的快速操作，如图 2-46 所示。
- 用户可在"视图"→"缩放比率"子菜单下，选择需要缩放的比例。子菜单中还显示了相关的快捷键，如 100%的快捷键是 Ctrl+1，如图 2-47 所示。

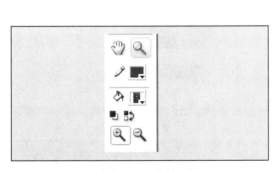

图 2-46 缩放工具

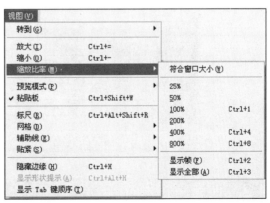

图 2-47 缩放比率

普通散热器的散热片一般都是压铸而成的，散热效果较为普通，较高档的散热片则是用铝模经过车床车削而成,常用在高档显卡和一些国外原装机的CPU散热器上。

2.4 图形颜色处理

图形的熟练绘制是制作动画的基础，色彩的有效填充能够使图形更加生动活泼，如此即可提高动画的制作速度和质量。

Flash CS6 自身提供了较多的绘图工具及色彩工具，这样在制作动画时能够不依靠其他图形软件来进行一些动画图形的制作以及色彩的调整。

■■■书盘互动指导■■■

⊙ 示例	⊙ 在光盘中的位置	⊙ 书盘互动情况
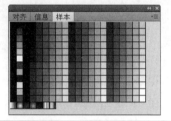	2.4 图形颜色处理 　1. 样本面板和颜色面板 　2. 创建笔触和填充 　3. 修改图形的笔触和填充	本节主要带领大家全面学习图形颜色的处理，在光盘 2.4 节中有相关内容的操作视频，并特别针对本节内容设置了具体的实例分析。 大家可以在阅读本节内容后再学习光盘，以达到巩固和提升的效果。

2.4.1 样本面板和颜色面板

在"样本"面板中可以选择调配好的常用颜色。选择"窗口"→"样本"命令，或者按 Ctrl+F9 即可打开"样本"面板，如图 2-48 所示。要从调色板上删除某个颜色，只需按住 Ctrl 键，并单击颜色样本即可。如果你希望能经常使用它，也可以保存为"默认调色板"。

在"颜色"面板中可以设置对象的颜色属性。选择"窗口"→"颜色"命令，即可打开"颜色"面板，如图 2-49 所示。根据所选择填充"类型"的不同，其面板也相应的会有所不同。

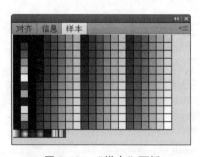

图 2-48 "样本"面板

图 2-49 "颜色"面板

2.4.2 创建笔触和填充

Flash CS6 提供了应用、创建和修改颜色的方法。使用默认调色板或者自己创建的调色板，

用户在绘制图形时，选择不同的刷子形状和刷子大小，即可刷出不同的效果。

可以选择应用于要创建的对象或舞台中已存在的对象的笔触或颜色。将笔触颜色应用于形状将会用这种颜色对形状的轮廓涂色，将填充颜色应用于形状将会用这种颜色对形状的内部涂色。

- 将笔触颜色应用于形状时，可以选择任意的纯色、渐变色、笔触的样式及粗细；将填充颜色应用于形状时，可以用纯色、渐变色或位图。
- 要将位图填充应用于形状，必须将位图导入到当前文件中。
- 可以使用无颜色工具□作为填充来创建只有轮廓没有填充的形状，或者使用无颜色工具□作为轮廓来创建没有轮廓的填充形状。
- 椭圆和矩形对象(形状)可以既有笔触颜色又有填充颜色。
- 文本对象和刷子笔触只有填充颜色，用线条工具、钢笔工具和铅笔工具绘制的线条只有笔触颜色。

2.4.3　修改图形的笔触和填充

在 Flash CS6 中，使用图形绘制工具绘制图形后，可以使用如下几种工具修改图形的笔触和填充。

- 可以使用颜料桶、墨水瓶、滴管和填充变形工具，以及刷子或颜料桶工具的"锁定填充"功能键等多种方式修改笔触和填充工具的属性。
- 在舞台中选中所要操作的对象，使用"工具"面板中的"笔触颜色"和"填充色"工具修改图形的笔触和填充色。注意：渐变色样本只出现在"填充颜色"中。

 ## 2.5　应用实例：绘制熊猫脸

实例解析

　　本章我们学习了线条图形绘制工具和颜色处理工具的使用，下面我们通过一个综合应用实例"快速绘制熊猫脸"来看一下图形绘制工具和颜色处理工具的实践运用，巩固一下本章所学知识。
　　熊猫脸的绘制并不复杂，主要使用到的工具有"椭圆"工具、"线条"工具、"选择"工具、"颜料桶"工具等。简单的工具、简单的图形就绘制成了这样一张漂亮的"熊猫脸"。

━━书盘互动指导━━

⊙　示例	⊙　在光盘中的位置	⊙　书盘互动情况
	2.5 应用实例：绘制熊猫脸	本节主要介绍了以上述所学内容为基础的综合实例操作方法，在光盘 2.5 节中有相关操作的视频文件，以及原始素材文件和处理后的效果文件。 大家可以选择在阅读本节内容后再学习光盘，以达到巩固和提升的效果，也可以对照光盘视频操作来学习图书内容，以便更直观地学习和理解本节内容。

在 Flash CS6 中，按住 Ctrl+N 可以新建一个影片。

熊猫脸主要是用椭圆工具和线条工具绘制而成，具体操作步骤如下。

① 设置笔触颜色为"黑色"，填充颜色为"无"。选择"椭圆"工具 ◎，在舞台中绘制一个椭圆作为熊猫的脸，如图 2-50 所示。

② 在椭圆左上角绘制一个圆形作为耳朵，按住 Ctrl 键复制圆形到右上角，如图 2-51 所示。

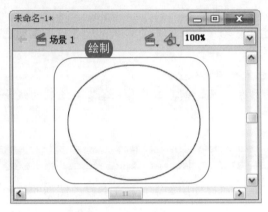

图 2-50 绘制"熊猫脸"轮廓

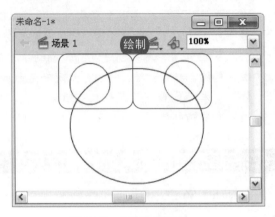

图 2-51 绘制熊猫耳朵

③ 绘制一个椭圆作为眼圈，在其内部依次绘制两个小圆作为眼睛和眼珠，并将其靠近眼圈的右侧，如图 2-52 所示。

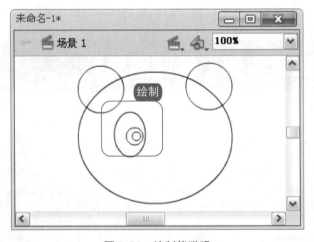

图 2-52 绘制熊猫眼

④ 选择"选择"工具 ▶ 选中整个眼部，按 Ctrl+T 组合键打开"变形"面板，选中"旋转"单选按钮，输入旋转角度值为 25°，如图 2-53、图 2-54 所示。

⑤ 按住 Ctrl 键复制眼部到右侧，在"变形"面板中旋转-50°，将眼睛移至合适的位置，如图 2-55 所示。

⑥ 在两只眼的中下部绘制一个椭圆作为鼻子，如图 2-56 所示。

⑦ 选择"线条"工具 ＼，按住 Shift 键在鼻子下方绘制一条直线，并将其弯曲作为嘴，如图 2-57 所示。

⑧ 选择"颜料桶"工具 ◇，在耳朵、黑眼圈、眼珠以及鼻子部位填充黑色，如图 2-58 所示。

"滴管"工具主要从已有的矢量线、填充物、文字、位图中吸取颜色(即取样)，从而获取属性值，但所吸取的图形必须是打散后的位图图像。

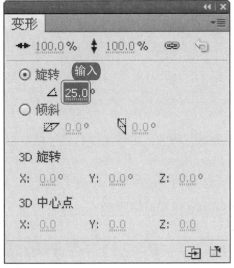

图 2-53　变形旋转

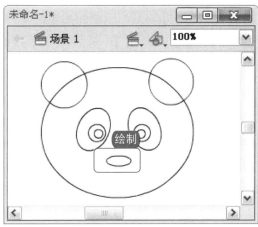

图 2-54　调整熊猫右眼

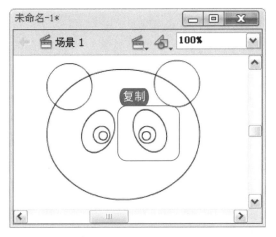

图 2-55　复制到左眼

图 2-56　绘制熊猫鼻子

图 2-57　绘制熊猫嘴巴

图 2-58　给熊猫脸填色

❷　删除耳朵与脸相交的曲线，完成熊猫脸的绘制。

蓝牙(Bluetooth)名称来源于古代丹麦国王 Harald Blatand，其中的 Blatand 和 "Bluetooth" 的发音比较相近。蓝牙由瑞典的爱立信公司(Ericsson)始创，爱立信公司早在 1994 年就已进行研发。

学 习 小 结

本章主要介绍了 Flash CS6 基本线条和图形的绘制、编辑以及图形颜色的处理。

通过本章的学习，读者能够熟练掌握 Flash CS6 中的图形绘制工具和图形颜色处理工具的使用方法，并通过实例的操作熟悉各项工具的结合使用，为学习后面的动画制作打下坚实的基础。

下面对本章的重点做个总结。

(1) 任何一个图形绘制工具的使用都与其属性设置息息相关，多留意工具属性以及工具栏下面的工具选项，能够帮你更好地学习该工具。

(2) 要多练习图形绘制工具的使用与设置操作，为以后的实战操作打好坚实基础。

(3) 图形绘制工具与颜色处理工具不可分割，互相结合，相辅相成。

互 动 练 习

1. 选择题

(1) 要对图形进行从中心向四周的填充，应选择(　　)类型的填充。

　　A. 线性　　　　　　B. 位图　　　　　　C. 放射状　　　　　　D. 纯色

(2) 以下(　　)不属于线条工具。

　　A. "刷子"工具　　　　　　　　　　B. "线条"工具

　　C. "铅笔"工具　　　　　　　　　　D. "钢笔"工具

2. 思考与上机题

(1) 简要叙述"橡皮擦"工具中"水龙头"选项的功能。

(2) "刷子"工具的 5 种刷子模式有什么区别？

(3) 怎样将线条转换为填充操作？

(4) "颜料桶"工具的锁定填充和非锁定填充有什么区别？

(5) 使用图形绘制工具和色彩处理工具绘制一只"机器猫"，效果如下图。

制作要求：

① 笔触颜色为黑色，笔触高度为 0.10，样式为实线。

② 机器猫的身体、鼻子(围脖)、舌头、铃铛的颜色分别为#00AEED、#EF1837、#EE8033、#FFE756。

③ 将绘制好的文件以"机器猫"为文件名保存到 D 盘。

内存条的速度一般用存取一次数据的时间(单位一般用 ns)来作为性能指标，时间越短，速度就越快。

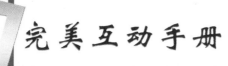
完美互动手册

第3章

对象的编辑与修饰

本章导读

　　使用工具栏中的工具创建向量图形相对来说比较单调，如果能结合修改菜单命令修改图形，就可以改变原图形的形状、线条等，并且可以将多个图形组合起来得到所需要的图形效果。本章将详细介绍 Flash CS6 编辑和修饰对象的功能。

　　本章主要介绍 Flash CS6 中对象的预览、变形、合并、修饰操作，并通过对章后综合实例的讲解，更形象生动地将本章的操作知识融会贯通。通过对本章的学习，读者可以掌握并能根据具体操作特点灵活地应用编辑和修饰功能。

精彩看点

- ● 预览图形对象
- ● 对象的修饰
- ● 对齐面板的使用

- ● 对象的变形操作
- ● 对象的合并
- ● 变形面板的使用

3.1　预览图形对象

　　Flash CS6 中的预览模式,可以根据需要调整 Flash 的各种显示模式,经过调整后的 Flash 文件显示速度加快,下面主要介绍它的几种预览模式。

　　在 Flash CS6 软件的"视图"菜单下的"预览模式"选项中,可以对 Flash 的显示模式进行设置。"预览模式"分为"轮廓"、"高速显示"、"消除锯齿"、"消除文字锯齿"和"整个"选项。

- ● "轮廓":选择 Flash 预览模式中的"轮廓"选项后,舞台的图形将会以"边线轮廓"显示,舞台中复杂的图形将变为细线,如图 3-1 所示。
- ● "高速显示":是 Flash 中显示文档速度最快的模式,高速显示模式下 Flash 中的图形锯齿感非常明显,如图 3-2 所示。

　　　　图 3-1　轮廓预览　　　　　　　　　　　图 3-2　高速显示

- ● "消除锯齿":是 Flash 视图预览模式中最常用的模式,"消除锯齿"可以明显地看到图中的形状和线条被消除了锯齿,线条和图像的边缘更加平滑,如图 3-3 所示。

图 3-3　消除锯齿

- ● "消除文字锯齿":也是 Flash 视图预览模式中最常用的选项,"消除文字锯齿"可以对 Flash 中的文字轻松消除锯齿,但在文字过多的情况下,选择了"消除文字锯齿"后,显示速度会变得很慢。

安装电脑前要先消除人体的静电,以防止人体所带静电对电子器件造成损伤(如握住自来水管导电),有条件的还可配戴防静电手套。

● "整个": 可以显示舞台中的所有内容、图形、边线和文字都会以消除锯齿的方式显示，但对于复杂图形来说，会增加计算机的运算时间，影响操作的速度。

 知识补充

如果我们要对图形外形进行调整，可以选择"轮廓"，在图层名称后面的 3 个选项中，最后一个也是"轮廓"选项，两个"轮廓"具有相同的作用。

3.2　对象的变形操作

在 Flash CS6 软件中，当绘制或导入了图形图像后，有时根据需要将这些图形图像进行编辑操作，如旋转、扭曲、分散、对齐等，在这里我们将这些编辑操作统称为对象的变形操作。

在 Flash CS6 中自由变换对象，可以使用任意变形工具。任意变形工具 🔁 是 Flash 最常用的工具之一。它对图形对象进行变形，如缩放、旋转、倾斜、扭曲和封套等操作。

当选择"任意变形"工具后，在"选项"区域显示出它的基本属性。

1. 扭曲对象

在 Flash CS6 中，使用"扭曲"工具通过移动锚点的方式来实现对象的变形操作。选中操作对象，选择"修改"→"变形"→"扭曲"命令(见图 3-4)，此时将鼠标移至控制点处时，鼠标呈 ▷ 状，如图 3-5 所示。

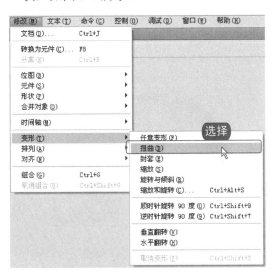

图 3-4　选择"扭曲"命令　　　　　图 3-5　鼠标呈 ▷ 状

按住 Shift 键拖动角点可以锥化该对象，即将该角和相邻角沿彼此相反方向移动相同距离。相邻角是与拖动方向相反方向上的角，如图 3-6 所示。

按住 Ctrl 键或拖动边的中点可以任意移动整条边，如图 3-7 所示。

在进行颜色填充时，其"颜色"面板与"填充变形"工具、"颜料桶"工具等结合使用，从而可以更加方便地进行颜色的处理。

图 3-6 锥化对象

图 3-7 移动整条边

知识补充 ★

在 Flash CS6 软件中，"任意变形"工具中的"扭曲"与"封套"操作只能对打散的文字和图形进行操作。

2. 封套对象

"封套"是指通过调整对象的控制句柄来实现复杂的图形。选中操作对象后，选择"修改"→"变形"→"封套"命令(见图 3-8)，图形将增加许多圆心控制点，如图 3-9 所示。

图 3-8 选择"封套"命令

图 3-9 圆心控制点

使用鼠标拖动这些圆心控制点，可以对图形对象进行变形操作。用封套工具编辑位图时，要将位图打散方可进行编辑。

当物理内存小于 512MB 时，最小虚拟内存最佳为物理内存的 1.5 倍、最大虚拟内存的 2～3 倍，当物理内存大于 512 MB 时，根据使用情况可以考虑减小或禁用虚拟内存。

在 Flash CS6 中，对矢量图进行封套操作，可以改变矢量图的外形和矢量图本身；对位图进行封套操作，只改变位图的外形不改变位图本身，效果如下图所示。

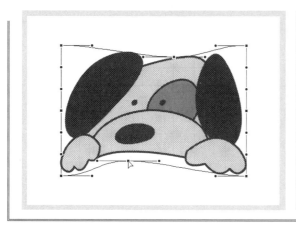 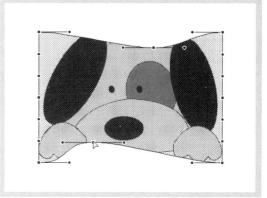

知识补充 ★

在 Flash CS6 软件中，在进行封套操作时，若按住 Alt 键并拖动圆心控制点，则只对图形的一边进行操作。

3. 缩放对象

任意变形中的"缩放"按钮用于改变对象的大小。

使用"任意变形"工具 ，或选择"修改"→"变形"→"缩放"命令，从而可沿着两个方向对图形进行缩放操作，如图 3-10 和图 3-11 所示。

图 3-10 缩放对象 　　　　　　图 3-11 垂直缩放

知识补充 ★

在 Flash CS6 中对图形对象进行缩放时，按住 Shift 键可按长宽的比例进行缩放调整，读者不妨试一试。

Alpha 表示对象的透明度，当数值为 100% 时，对象不透明；数值为 0% 时，对象全透明。

4. 旋转与倾斜对象

选择"任意变形"工具  ，在舞台中选择图形，然后将鼠标单击水平或垂直中点时，光标呈 ⇆ 状和 ↕ 状，从而可以对图形进行水平或垂直倾斜；将鼠标移至角点上时，光标呈 ↻ 状，从而可以将图形绕中心点进行旋转。

跟着做 1 — 旋转对象

旋转对象的操作步骤如下。
1. 将图形中的中心点拖动到图形的左下角，如图 3-12 所示。
2. 将鼠标移至图形角点处光标呈 ↻ 状，进行旋转拖动，如图 3-13 所示。
3. 松开鼠标，此时图形已经旋转了。

图 3-12　移动中心点　　　　　　　　　图 3-13　旋转对象

知识补充 ★

若按住 Shift 键拖动可以以 45° 为增量进行旋转，按住 Alt 键拖动可以围绕对角点旋转，读者不妨试一试。

跟着做 2 — 倾斜对象

倾斜操作步骤如下。
1. 选择"修改"→"变形"→"旋转与倾斜"命令，如图 3-14 所示。
2. 将鼠标移至水平控制点处，按住鼠标左右拖动。
3. 松开鼠标，此时图形已经水平倾斜了，如图 3-15 所示。

知识补充 ★

在 Flash CS6 软件中，任意变形操作可通过"修改"菜单下的"变形"子菜单来进行相关的操作。

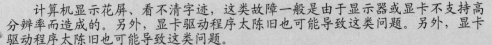

计算机显示花屏、看不清字迹，这类故障一般是由于显示器或显卡不支持高分辨率而造成的。另外，显卡驱动程序太陈旧也可能导致这类问题。另外，显卡驱动程序太陈旧也可能导致这类问题。

图 3-14 选择"旋转与倾斜"命令 图 3-15 倾斜对象

5. 翻转对象

在 Flash CS6 软件中，要对一个对象进行翻转操作，可以选择菜单下的命令。

- 水平翻转：选择"修改" → "变形" → "水平翻转"命令，如图 3-16 所示，翻转后的效果如图 3-17 所示。
- 垂直翻转：选择"修改" → "变形" → "垂直翻转"命令。

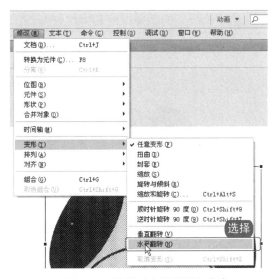

图 3-16 选择"水平翻转"命令 图 3-17 水平翻转后的效果

6. 组合对象

在 Flash CS6 软件中，在进行较复杂图形的操作时，可将其各个图形进行组合操作。

在舞台上依次选择需要组合的图形，选择"修改"菜单下的"组合"命令，即可将各个图形

当光标呈现"手形"图像时，可对图像进行移动操作。

进行组合。图 3-18 和图 3-19 是组合前后的对比效果。

图 3-18　组合前效果　　　　　　　　　　　图 3-19　组合后效果

知识补充

在 Flash CS6 软件中，进行组合操作时，可按 Ctrl+G 组合键; Ctrl+Shift+G 组合键则是取消组合操作。

7. 分离对象

分离对象是指将整体的图形对象打散，然后将打散的图形对象作为一个可编辑的图形进行编辑。选中所要操作的对象，选择"修改"菜单下的"分离"命令，如图 3-20 所示，即将图形打散进行第一次分离。如果想要重新编辑修改图形就需要在第一次分离的基础上对其再次分离。分离后的效果如图 3-21 所示。

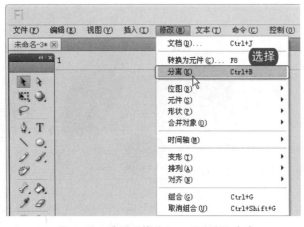

图 3-20　选择"修改"→"分离"命令　　　　　图 3-21　分离对象

8. 叠放对象

用户在进行图形编辑时，需要改变图形的上下位置，在 Flash CS6 中提供了这种功能。

选择"修改"→"排列"命令，从弹出的子菜单中选择相应的命令即可，如图 3-22 所示。

复制所选行，然后选择"开始"→"粘贴"→"选择性粘贴"命令，在弹出的"选择性粘贴"对话框中选中"转置"复选框，并单击"确定"按钮，即可将行数据快速转置成列数据。

例如，将 4 张卡片叠放在舞台上，为了改变卡片 4 的位置，可在舞台上选择它，然后选择"修改"→"排列"→"移至顶层"命令，可以使卡片 4 立即在舞台的最前端显示，如图 3-23 所示。

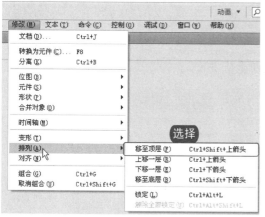

图 3-22　选择"修改"→"排列"命令

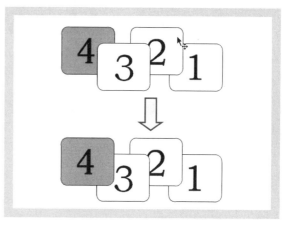

图 3-23　将卡片 4 移至顶层

9. 对齐对象

在 Flash CS6 中，当需要对多个图形对象进行对齐操作时，可选择"修改"→"对齐"命令，从弹出的子菜单中选择相应的命令即可进行各种对齐操作，如图 3-24 所示，效果如图 3-25 所示。

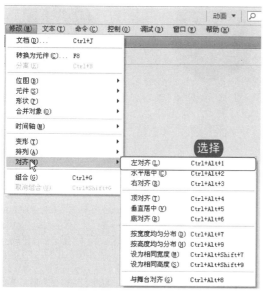

图 3-24　选择"修改"→"对齐"命令

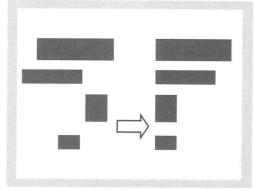

图 3-25　左对齐

知识补充

在 Flash CS6 软件中，若在"对齐"面板中激活"相对于舞台"按钮口，则表示所选择的对象与舞台进行各种对齐操作。

使用"缩放"工具可对舞台场景的大小进行比例缩放，其快捷键是 M 键或 Z 键。

3.3 对象的合并

Flash CS6 的"修改"菜单中有一个"合并对象"下拉菜单,"合并对象"有"联合"、"交集"、"打孔"、"裁切" 4 个选项。

在舞台中,选择"椭圆工具",打开"对象绘制"按钮,在 Flash 的舞台中绘制两个椭圆,下面的操作以这两个椭圆为例。

1. 联合

选择"修改"→"合并对象"→"联合"命令,如图 3-26 所示,将选中的多个对象绘制图形合并为一个对象绘制图形,效果如图 3-27 所示。

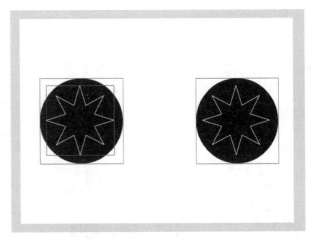

图 3-26 选择"联合"命令   图 3-27 联合

2. 交集

当两个图形有相互覆盖的情况时,选择交集可以对两个图形进行裁剪,舞台中留下的是两个图形相交部分,以上方图像为主。

选择"修改"→"合并对象"→"交集"命令,如图 3-28 所示,将选中的对象绘制图形合并,且只显示它们重合的部分,效果如图 3-29 所示。

3. 打孔

"打孔"的选项,有点类似于咬合,当上方图形和下方图形处于舞台中时,选择"打孔"命令,上方图形将咬合下方图形相交部位,保留下方图形其余部分。

选择"修改"→"合并对象"→"打孔"命令,如图 3-30 所示,将选中的对象绘制图形合并,

屏幕出现异常杂点或图案,一般是由于显卡的显存出现问题或显卡与主板接触不良造成的,需清洁显卡的金手指部位或更换显卡。

且不显示它们重合的部分，效果如 3-31 所示。

图 3-28　选择"交集"命令

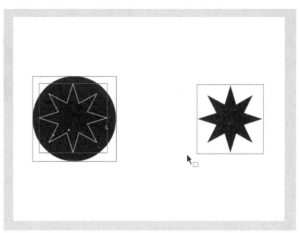

图 3-29　交集

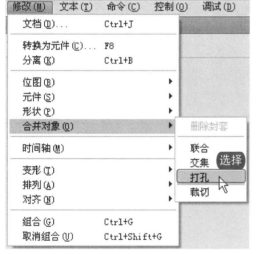

图 3-30　选择"打孔"命令

图 3-31　打孔

4. 裁切

当两个图形有相互覆盖的情况时，选择"修改"→"合并对象"→"裁切"命令，如图 3-32 所示，可以对两个图形进行裁剪，舞台中留下的是两个图形相交部分，以下方图像为主，"裁切"效果如图 3-33 所示。

知识补充 ★

在 Flash CS6 "合并对象"操作中，"交集"和"裁切"比较类似，两者区别在于一个是保留上方图形，一个是保留下方图形。

选择"椭圆"工具的快捷键是 O 键。

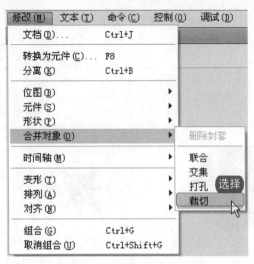

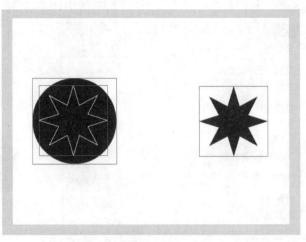

图 3-32　选择"裁切"命令　　　　　　　　图 3-33　裁切

3.4　对象的修饰

在 Flash CS6 中修饰对象，可以选择"修改"→"形状"中的命令来进行修饰操作。下面主要介绍常用的 4 个命令："优化曲线"、"将线条转换为填充"、"扩展填充"和"柔化填充边缘"。

**书盘互动指导**

⊙ 示例	⊙ 在光盘中的位置	⊙ 书盘互动情况
	3.4 对象的修饰 　1．优化曲线 　2．将线条转换为填充 　3．扩展填充 　4．柔化填充边缘	本节主要带领大家全面学习对象的修饰，在光盘 3.4 节中有相关内容的操作视频，并特别针对本节内容设置了具体的实例分析。 大家可以在阅读本节内容后再学习光盘，以达到巩固和提升的效果。

3.4.1　优化曲线

应用优化曲线命令可以将线条优化得较为平滑。选中要优化的线条，选择"修改"→"形状"→"优化"命令，如图 3-34 所示，弹出如图 3-35 所示的"优化曲线"对话框，进行设置后，单击"确定"按钮，弹出提示对话框，单击"确定"按钮，线条被优化。

如果显卡或者显示器信号线接口处沾有污垢或者断针及其他损坏均会导致接触不良，造成显示器黑屏。

图 3-34　选择"优化"命令　　　　　　图 3-35　"优化曲线"对话框

3.4.2　将线条转换为填充

应用"将线条转换为填充命令"可以将矢量线条转换为填充色块。选择墨水瓶工具，为图形绘制外边线。双击图形的外边线将其选中，选择"修改"→"形状"→"将线条转换为填充"命令，将外边线转换为填充色块。这时，可以选择"颜料桶"工具，为填充色块设置其他颜色。

将线条转换为填充就是将线条图形转换为填充的图形。从而可以对其进行形状的调整操作，具体操作步骤如下。

❶ 绘制一个多边形，如图 3-36 所示。

❷ 选择该多边形，选择"修改"→"形状"→"将线条转换为填充"命令，如图 3-37 所示。

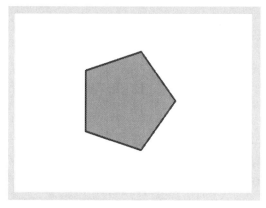

图 3-36　绘制多边形　　　　　　图 3-37　选择"将线条转换为填充"命令

知识补充

在 Flash CS6 软件中，在这里绘制多边形时，应将其填充颜色和线条颜色设置为不同的颜色，以便后面区分。

❸ 将鼠标移至图形边线处，鼠标呈 状，拖动鼠标至适当位置，如图 3-38 所示。

❹ 松开鼠标，则此时将以线条颜色进行填充，如图 3-39 所示。

当修改了文本属性后，其舞台上的文本对象将立即显示修改后的效果。

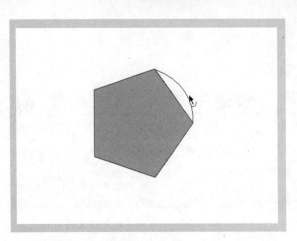

图 3-38 拖动鼠标

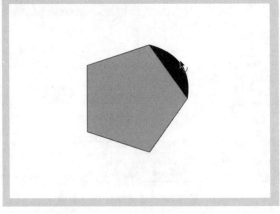

图 3-39 线条颜色填充效果

知识补充 ★

　　在 Flash CS6 软件中，如果不执行"将线条转换为填充"命令时，则此时拖动边线或角点处，则将以填充为颜色进行填充；用户也可将鼠标移至角点处，则鼠标呈 状，然后拖动该角点处也可进行相同的操作。

3.4.3　扩展填充

　　当对图形进行"将线条转换为填充"操作时，可对其图形进行扩展填充。

① 选中所绘制的多边形，选择"修改"→"形状"→"将线条转换为填充"命令，绘制一个多边形，如图 3-40 所示。

② 选择"修改"→"形状"→"扩展填充"命令，如图 3-41 所示。

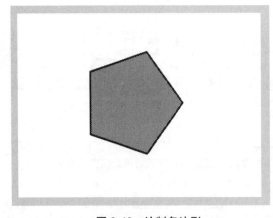

图 3-40　绘制多边形

图 3-41　选择"扩展填充"命令

③ 在"距离"文本框中输入"10 像素"，选中"扩展"单选按钮，单击"确定"按钮，如图 3-42 所示。

④ 此时视图发生变化，如图 3-43 所示。

选中要删除的文件，按 Shift + Delete 组合键，可以达到彻底删除文件的目的。

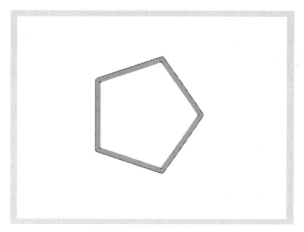

图 3-42　"扩展填充"对话框　　　　　　　图 3-43　扩展填充效果

知识补充 ★

　　在 Flash CS6 软件中，在执行"扩展填充"命令时，必须要将舞台中的图形选中，否则无法执行该命令。在"距离"文本框中可以输入如"1 厘米"这样的数值。

3.4.4　柔化填充边缘

　　柔化填充边缘操作就是对图形边缘进行模糊似的填充，只要选择"修改"→"形状"→"柔化填充边缘"命令，如图 3-44 所示，就可使得图形柔化填充边缘，其效果如图 3-45 所示。

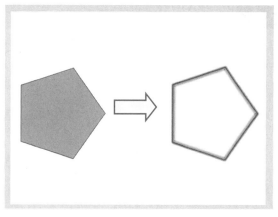

图 3-44　选择"柔化填充边缘"命令　　　　图 3-45　柔化填充边缘效果

知识补充 ★

　　这里的原图是进行了"将线条转换为填充"操作的，如果没有进行此操作，则此时所操作的效果将完全不相同，读者不妨试一试！

　　在学习 Flash 时，首先要掌握其基础操作。

3.5 对齐面板与变形面板的使用

在 Flash CS6 中，图形对象的编辑和修饰最常用的面板是"对齐"面板和"变形"面板。面板上的各个功能按钮一目了然，方便用户进行对象的编辑和修饰操作。下面我们就来详细介绍"对齐"面板和"变形"面板的界面和使用。

▅▅书盘互动指导▅▅

⊙ 示例	⊙ 在光盘中的位置	⊙ 书盘互动情况
	3.5 对齐面板与变形面板的使用 1. 对齐面板 2. 变形面板	本节主要带领大家全面学习对齐面板与变形面板的使用，在光盘 3.5 节中有相关内容的操作视频，并特别针对本节内容设置了具体的实例分析。大家可以在阅读本节内容后再学习光盘，以达到巩固和提升的效果。

3.5.1 对齐面板

在 Flash CS6 中，对两个或两个以上图形进行对齐操作时，可以使用"对齐"面板。用户可以通过"窗口"菜单下的"对齐"命令打开"对齐"面板，也可以使用 Ctrl+K 快捷键。

"对齐"面板如图 3-46 所示，该面板中部分按钮及其功能介绍如下。

图 3-46 "对齐"面板

- 左对齐▐：使对象靠左端对齐，选择了"与舞台对齐"选项后，对象与舞台左端对齐。
- 水平中齐▐：使对象在舞台水平中央对齐。

要清除剪贴板中的内容可以通过对无用的内容进行复制，以覆盖以前的内容。
不过最稳妥的方法是注销当前用户或者重新启动电脑。

● 右对齐🖻：使对象靠右端对齐，选择了"与舞台对齐"选项后，对象与舞台右端对齐。
● 上对齐🖷：使对象靠上端对齐。
● 垂直中齐🖷：使对象垂直方向中间对齐。
● 底对齐🖳：使对象靠舞台底端对齐。
● 顶部分布🖶：使每个对象的上端在垂直方向上间距相等。
● 垂直居中分布🖶：使每个对象的中心在水平方向上间距相等。

知识补充 ★

　　在 Flash 的"对齐"面板中，值得注意的是"与舞台对齐"选项，未选中当该选项时，只是图形与图形之间的对齐操作；当选中该选项时，就是图形与舞台之间的对齐操作。

3.5.2　变形面板

　　在 Flash CS6 中，如果对缩放、旋转或倾斜操作的要求精度较高时，可在"变形"面板中指定精确的参数值，具体操作步骤如下。

❶ 使用工具箱中的"选取"工具选中需要进行变形的对象，如图 3-47 所示。

❷ 如果在程序窗口中未显示"变形"面板，可选择"窗口"→"变形"命令，打开"变形"面板，如图 3-48 所示。

图 3-47　选取对象

图 3-48　"变形"面板

❸ 当缩放对象时，在面板顶部左侧的文本框⬌中输入参数值，可指定水平缩放值；在与之相邻的文本框⬍中输入参数值，可指定垂直缩放值，如图 3-49 所示。如果单击"约束"按钮，可保持缩放对象的比例不变，如图 3-50 所示。

❹ 若选中"旋转"单选按钮可旋转所选对象，在"旋转"文本框中可设置对象旋转的角度，如图 3-51、图 3-52 所示为设置不同参数值后对象的对比效果。

❺ 而选中"倾斜"单选按钮可使所选对象倾斜指定的角度，在"水平倾斜"和"垂直倾斜"文本框中输入参数值，可指定对象在水平和垂直方向上的倾斜角度，如图 3-53、图 3-54 所示为设置不同参数值后对象的对比效果。

　　当对选择的单个文本进行旋转后，应将鼠标在其空白处单击，将其控制框取消。

图 3-49　"变形"面板

图 3-50　效果显示

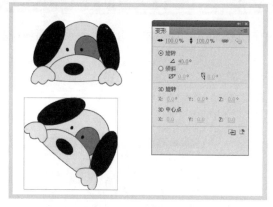

图 3-51　图形旋转 40°

图 3-52　图形旋转 90°

图 3-53　图形倾斜

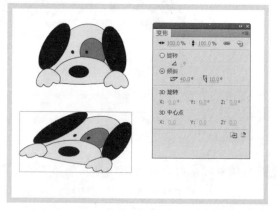

图 3-54　图形倾斜

⑥ 当完成各项设置后，按 Enter 键应用设置，当前所选对象即可按指定的设置发生变形。

知识补充

　　如果单击面板右下角的"重制选区和变形"按钮，可创建所选对象的变形副本；而单击"取消变形"按钮，可使面板中的各个选项恢复到默认的设置。

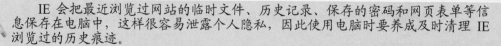

　　IE 会把最近浏览过网站的临时文件、历史记录、保存的密码和网页表单等信息保存在电脑中，这样很容易泄露个人隐私，因此使用电脑时要养成及时清理 IE 浏览过的历史痕迹。

3.6 应用实例：绘制西瓜

本章我们使用工具栏中的工具创建向量图形，并且改变原图形的形状、线条等，即 Flash CS6 编辑、修饰对象的功能。

下面我们就来学习制作西瓜的实例，只要掌握其要领，很快就可以绘制出西瓜效果。

■■书盘互动指导■■

⊙ 示例	⊙ 在光盘中的位置	⊙ 书盘互动情况
	3.6 应用实例：绘制西瓜	本节主要介绍了以上述所学为基础的综合实例操作方法,在光盘 3.6 节中有相关操作的视频文件,以及原始素材文件和处理后的效果文件。 大家可以选择在阅读本节内容后再学习光盘,以达到巩固和提升的效果,也可以对照光盘视频操作来学习图书内容,以便更直观地学习和理解本节内容。

绘制一个西瓜的操作方法可通过下面的步骤来实现。

① 启动 Flash CS6 软件，并新建 CD4-4 文件，打开 "属性" 面板，单击 "400×400 像素" 按钮，输入标题为 "绘制西瓜"，设置文档大小为 300 像素×300 像素，设置 "背景颜色" 为 "白色" (#FFFFFF)，设置 "帧频" 为 12，如图 3-55、图 3-56 所示。

图 3-55 "属性" 面板　　　　图 3-56 "文档设置" 对话框

② 在 "工具箱" 中选择 "矩形" 工具，设置 "笔触颜色" 为无，设置 "填充颜色" 为 "浅绿色"，绘制一个矩形，在 "工具箱" 中选择 "任意变形" 工具，如图 3-57 所示。然后在舞

当执行两次分离操作时，则此时的文本将为矢量图形，此时即可对图形进行色彩填充。

台上选择矩形，选择"套封"选项 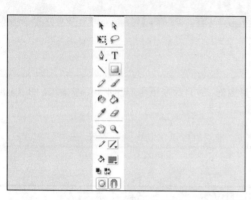，将出现多个控制点，分别对每一个点进行调整，如图 3-58 所示。

图 3-57 "矩形"工具　　　　　　图 3-58 绘制和调整矩形

❸ 在"工具箱"中选择"选择"工具 ，对图形进行变形操作，图形进行拉长拉扁，在"工具箱"中选择"选择"工具 ，单击图形，按住 Ctrl 键对图形进行多次复制，如图 3-59 所示。

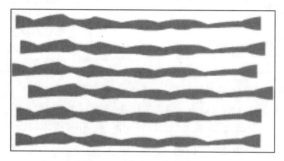

图 3-59 变形和复制操作

❹ 在"工具箱"中选择"选择"工具 ，框选所有图形，按 Ctrl+B 组合键进行打散操作，如图 3-60 所示，在"工具箱"中选择"椭圆"工具 ，设置"填充颜色"为无，在舞台空白位置绘制一个椭圆，如图 3-61 所示。

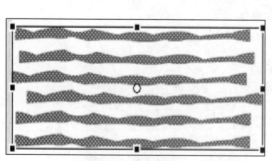

图 3-60 打散图形

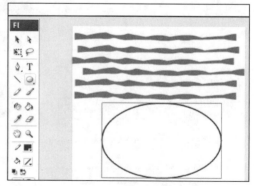

图 3-61 绘制一个椭圆

❺ 在"工具箱"中选择"选择"工具 ，框选上方所有不规则的矩形条，将选择的矩形条向下

将文件的后缀名改为.html 可以将文件变成网页文件,将文件的后缀名改为.jpg 可以将文件变成图片文件。

移动到椭圆下，在"工具箱"中选择"任意变形"工具 ，选择"套封"选项 ，分别对每一个点进行调整，如图 3-62、图 3-63 所示。

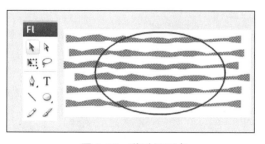

图 3-62　移动矩形条

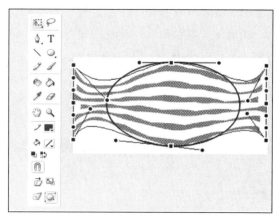

图 3-63　进行套封操作

6 选择绘制的椭圆，按 Ctrl+B 组合键将其打散，然后分别选择椭圆外的图形，按 Delete 键将其删除。在"工具箱"中选择"颜色桶"工具 ，选择"填充颜色"为"浅绿色"(#00FF00)，分别对图形的白色区域进行填充，如图 3-64、图 3-65 所示。

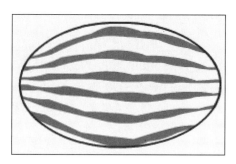

图 3-64　打散图形

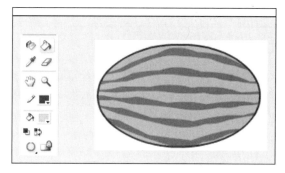

图 3-65　设置颜色

7 在"工具箱"中选择"墨水瓶"工具 ，选择"笔触颜色"为"深绿色"(#009900)，依次对椭圆轮廓进行单击。在"工具箱"中选择"选择"工具 ，框选所有图形，按 Ctrl+G 组合键对其进行组合，如图 3-66、图 3-67 所示。

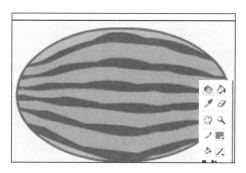

图 3-66　墨水瓶工具

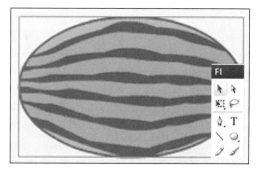

图 3-67　组合图形

没有进行 2 次打散的文本，不能进行填充操作。

⑧ 按 Ctrl+R 组合键打开"导入"对话框，选择路径，然后选择文件"水果"，单击"打开"按钮，如图 3-68 所示。

⑨ 在"工具箱"中选择"任意变形"工具 ，在舞台上选择刚导入的图片，单击"工具箱"的"缩放"工具按钮 ，对视图进行缩小，将鼠标移至图片右下角处，则鼠标呈 状，将图片缩小到适当大小，如图 3-69 所示。

图 3-68 "导入"对话框

图 3-69 图形缩放

⑩ 在"主工具栏"中单击"对齐"按钮 ，在打开的"对齐"面板中选中"与舞台对齐"复选框，单击"水平中齐"按钮 ，单击"垂直中齐"按钮 ，如图 3-70 所示。

⑪ 此时图片的底层在舞台中央位置，选择"修改"→"排列"→"移至底层"命令，将图片放在"西瓜"的下面，如图 3-71 所示。

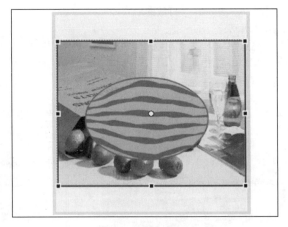

图 3-70 "对齐"面板

图 3-71 移动图片

⑫ 在舞台中单击"西瓜"对象，将鼠标移至任意角点处，鼠标呈 状，对"西瓜"对象进行缩放，将鼠标移至"西瓜"对象上，光标呈 状，将其移至图片的右下角，如图 3-72 所示。

对于更改过后缀名的重要文件，要将其放到特定的文件目录下，防止被误删。

图 3-72　图片缩放

⑬ 按住 Alt 键并移动 "西瓜" 对象，从而对其进行复制，对复制的 "西瓜" 对象再次缩小，按住 Alt 键对 "西瓜" 对象进行多次复制。将鼠标移至选择对象的四角处，光标呈 ⤵ 状，拖动鼠标对 "西瓜" 对象进行旋转，如图 3-73、图 3-74 所示。

图 3-73　复制及缩放图片

图 3-74　旋转 "西瓜" 图片

⑭ 框选所有图形对象，按 Ctrl+G 组合键对所有对象进行组合，按 Ctrl+S 组合键对文件进行保存，如图 3-75 所示。

图 3-75　最终效果图

　　右击电脑桌面，在弹出的快捷菜单中取消选中 "显示桌面图标" 选项，可以快速隐藏桌面程序图标，达到保护个人隐私的目的。

学 习 小 结

本章主要介绍了 Flash CS6 中图形对象的编辑与修饰，介绍了任意变形工具的各项功能，包括曲线、图形的优化功能，重点介绍了对齐面板、变形面板的使用。

通过对本章的学习，读者能够学习到图形编辑的各种方法，体会到 Flash CS6 强大的图形编辑功能，熟悉变形工具、对齐面板、变形面板的使用，更好地学习了 Flash CS6 图形的绘制与编辑操作。

下面对本章的重点作个总结。

(1) 只有选中了舞台上的图形对象才能对其进行变形操作，"扭曲"和"封套"工具只能对已打散的图像进行操作。

(2) "对齐"面板和"变形"面板都可以从"窗口"菜单中打开。"对齐"面板的快捷键是 Ctrl+K，"变形"面板的快捷键是 Ctrl+T。

(3) 取消组合与分离对象是两个概念。取消组合是将组合在一起的两个或多个对象还原组合前的状态；分离对象是指将整体的图形对象打散以便进行其他编辑。

互 动 练 习

1．选择题

(1) 若要对图形进行更为精确的变形操作，可选择"窗口"菜单下的"变形"命令，然后在打开的"变形"面板中进行精确的控制，其打开"变形"面板的快捷键是(   )。

    A．Ctrl+C   B．Ctrl+K

    C．Ctrl+T   D．Ctrl+M

(2) Flash CS6 的"修改"菜单中有一个"合并对象"下拉菜单，在"合并对象"下拉菜单中有"联合"、(   )、"打孔"、"裁切" 4 个选项。

    A．"填充"   B．"封套"

    C．"交集"   D．"优化"

(3) 将整体的图形对象打散(快捷键 Ctrl+B)，然后将打散的图形对象作为一个可编辑的图形进行编辑，这项操作叫作对象的(   )。

    A．封套   B．叠放

    C．分离   D．交集

2．思考与上机题

(1) 按以下要求在 Flash CS6 中制作一个"月亮"图形，效果如下图所示。

在固定文本框中，直接双击小正方形即可切换为自动扩展文本框。

制作要求：

① 设置月亮的轮廓颜色为无颜色，填充颜色为#FFFF00。

② 要求使用"椭圆"工具、"选择工具"、"修改"→"合并对象"→"打孔"命令。

③ 制作完成后，将该文件以"月亮"为文件名保存到 D 盘。

(2) 利用任意变形工具制作一本书，效果图如下所示。

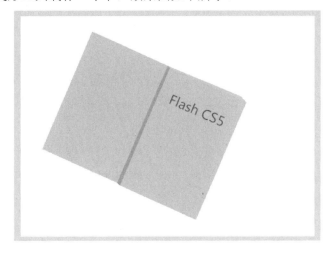

制作要求：

① 设置书本的轮廓颜色为无颜色，封面填充颜色为#FFCC00，书脊填充颜色为#FF9900，书名字体为"微软雅黑"，字体大小"24 点"，文档大小为默认。

② 要求使用任意变形工具，绘制时可自由使用。

③ 制作完成后，将该文件以"Flash 书本"为文件名保存到 D 盘。

电脑有很多虚拟的硬件，除了虚拟机外，还有虚拟软盘、虚拟网卡、虚拟摄像头、虚拟光驱、虚拟打印机等。

完美互动手册

第 4 章

文本的创建与编辑

本章导读

　　文字是媒体表现的重要手段，它与图片是构成视觉媒体的两大要素。因此，文字的设计可以增强视觉传达效果，提高作品的诉求力。

　　Flash CS6 自身提供了文字输入与编辑功能，既可以输入静态文本、动态文本和输入文本，还能够对文本进行打散操作，并进行不同的填充等操作。

　　本章主要介绍 Flash CS6 中文本的创建、使用和文字特效的制作，并通过实例操作帮助读者快速掌握 Flash 文本的相关操作。

精

彩

看

点

- 创建文本
- 填充文本
- 为文本创建超链接

- 静态文本和动态文本
- 分离文本
- 文本特效

 4.1 文本的创建

任何一个图形制作及动画软件，都离不开文本工具，使用 Flash CS6 的 "文本" 工具 T，不仅可以输入文本、修改文本，还可根据需要修改文本属性。单击 "工具箱" 中的 "文本" 工具按钮 T，此时光标呈 十 状，则 "属性" 面板中将显示相应的属性。

在 Flash CS6 中，Flash 的文本类型包括传统文本和 TLF 文本，以下着重讲解一下传统文本的创建。

■■书盘互动指导■■

⊙ 示例	⊙ 在光盘中的位置	⊙ 书盘互动情况
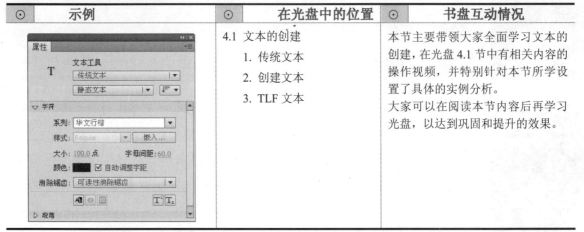	4.1 文本的创建 　1. 传统文本 　2. 创建文本 　3. TLF 文本	本节主要带领大家全面学习文本的创建，在光盘 4.1 节中有相关内容的操作视频，并特别针对本节所学设置了具体的实例分析。 大家可以在阅读本节内容后再学习光盘，以达到巩固和提升的效果。

4.1.1 传统文本

Flash 中使用的 3 种主要的文本区域类型：静态文本、动态文本和输入文本。

1. 静态文本

在 Flash CS6 中其默认的文本类型为静态文本，选择该文本类型后，直接在舞台上单击并输入文本即可。

下面为静态变形文字的具体操作步骤。

❶ 新建一个 Flash 文档，设置尺寸为 780 像素 × 300 像素，"背景颜色" 为 "白色"，如图 4-1 所示。

❷ 选择工具箱中的 "文本" 工具，在其 "属性" 面板中，设置字体为 "华文行楷"，"大小" 为 100 点，"颜色" 为 "蓝色"。在舞台工作区内输入文字，如图 4-2 所示。

❸ 在舞台工作区中输入文字，如图 4-3 所示。

❹ 选择工具箱中的 "任意变形" 工具，单击选中文字。然后选择两次 "修改" → "分离" 命令，将文字打散，如图 4-4 所示。

按 Ctrl+Alt+A 组合键可以快速捕捉屏幕。

图 4-1　文档设置

图 4-2　"文本"工具"属性"面板

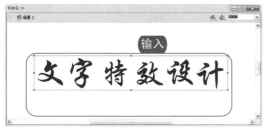

图 4-3　输入文字

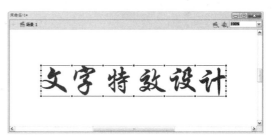

图 4-4　打散文字

5 选择"修改"→"变形"→"封套"命令，用鼠标拖动封套中间的节点，如图 4-5 所示。

6 用相同的方法拖动封套左右的节点，如图 4-6 所示。

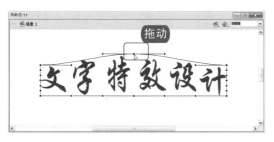

图 4-5　拖动中间节点

图 4-6　拖动左右节点

7 选择工具箱中的"选择"工具，框选文字图形。选择"修改"→"形状"→"扩展填充"命令，在弹出的"扩展填充"对话框中设置"距离"为 4 像素，选中"扩展"单选按钮，单击"确定"按钮即可将选中的文字向外扩展 4 个像素，如图 4-7、4-8 所示。

图 4-7　扩展填充

图 4-8　扩展填充后的效果

打开"颜色"面板的快捷键是 Shift+F9 键。

⑧ 选择工具箱中的"选择"工具，框选文字图形。选择"修改"→"组合"命令，将文字图形进行组合，如图 4-9 所示。

⑨ 选择"文件"→"保存"命令，将文档保存到电脑中，如图 4-10 所示。

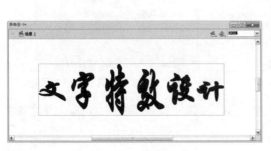

图 4-9　文字图形组合

图 4-10　保存文档

知识补充

　　在未组合前，选择工具箱中的"选择"工具，单击舞台空白处，将光标移到文字图形的边缘处，会发现光标变成"+"，拖曳鼠标，可以调整文字填充的形状。

2. 动态文本

　　在 Flash CS6 的动态文本类型下输入的文字相当于变量，它可以根据本服务器的输入不断地修改和更新。

① 打开 Flash CS6，新建一个空白文档。

② 选择"文本"工具，在"属性"面板中设置字体格式，如图 4-11 所示。

③ 在舞台中输入文字，如图 4-12 所示。

图 4-11　"文本"工具"属性"面板

图 4-12　输入文字

④ 在时间轴上右击图层 1 的第 20 帧，在弹出的快捷菜单中选择"插入关键帧"命令，如图 4-13 所示。

⑤ 修改第 20 帧上的文字，如图 4-14 所示。

　　按 Ctrl+I 组合键可以打开收藏夹，按 Ctrl+D 组合键可以将当前页添加到收藏夹，如果要整理收藏夹，可以按 Ctrl+B 组合键。

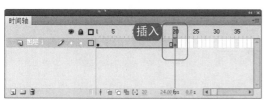

图 4-13 插入关键帧

图 4-14 修改文字

⑥ 选中第 20 帧上的文字，按 Ctrl+B 组合键，选中第 1 帧上的文字，将文字打散，如图 4-15 所示。

⑦ 右击图层 1 第 1 帧到第 19 帧间的任意一帧，在弹出快捷菜单中选择"创建补间形状"命令，如图 4-16 所示。

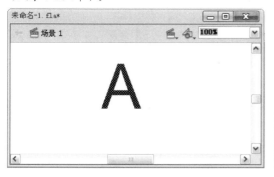

图 4-15 打散文字

图 4-16 创建补间形状

⑧ 完成后可按 Ctrl+Enter 组合键查看最终效果。按 Ctrl+S 组合键保存该文档，如图 4-17 所示。

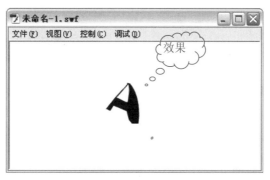

图 4-17 最终效果图

3. 输入文本

输入文本主要应用于交互式操作的实现，为了达到某种信息交换或收集目的，在场景中单击即可出现输入文本的文本框，即可在文本框内输入文字，如图 4-18 所示。

Flash CS6 虽然自身提供了一些绘图与文字工具，但有时还需要导入其他的外部对象。

图 4-18　输入文本

　　在 Flash CS6 中，无论对于哪一种文本，都可通过拖动文本框右上角或右下角的手柄来调整文本框的大小。

4.1.2　创建文本

在 Flash CS6 中创建传统文本，可按照下面的方法来创建。

　　在 Flash CS6 中创建传统文本，需要注意以下两点：①文本属性面板的设置；②创建文本时可选择系统中已经安装的字体，若要安装新的字体，可将新字体放在 C 盘 windows 文件夹下的 Fonts 文件夹中。

❶ 在"工具箱"中选择"文本"工具 T，选择"窗口"→"属性"命令，打开"属性"面板，如图 4-19 所示。

❷ 选择文本类型为"静态文本"，设置文本字体为"楷体-GB2312"，设置文本字号为 20，设置文本"颜色"为#000099，具体设置如图 4-20 所示。

图 4-19　选择"属性"命令

图 4-20　"文本工具"属性设置

❸ 移动鼠标到舞台指定位置，单击鼠标确定位置，开始输入文本，如图 4-21、图 4-22 所示。

打开注册表编辑器，找到[HKEY-USERS\.DEFAULT\Control Panel\Colors]，将 Background 的值改为"0 0 0"(不带引号)，这样登录背景就成了黑色。

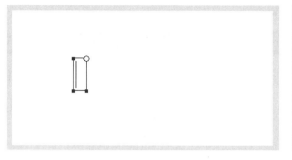

图4-21 在舞台上单击鼠标

图4-22 创建文本

知识补充 ★

在 Flash CS6 中，选择文本对象时，将光标移到该文本对象上单击即可。当修改了文本属性过后，其舞台上的文本对象将立即显示修改过后的效果。

4.1.3 TLF 文本

从 Flash Professional CS6 开始，使用文本布局框架(TLF)向 FLA 文件添加文本。它具有丰富的文本布局功能和对文本属性的精细控制。

与传统文本相比，TLF 文本提供了下列增强功能。

- 更多字符样式，包括行距、连字、下划线、删除线、大小写、数字格式等。
- 更多段落样式，包括通过栏间距支持多列、边距、缩进、段落间距等。
- 控制更多亚洲字体属性，包括直排内横排、标点挤压、行距模型等。
- 文本可按顺序排列在多个文本容器。

4.2 文本的编辑

在 Flash CS6 中，用户可使用多种字处理技术来编辑文本，例如，可使用剪切、复制、粘贴命令移动或复制文本，还可以对创建的文本进行变形和分离等操作。

===书盘互动指导===

⊙ 示例	⊙ 在光盘中的位置	⊙ 书盘互动情况
文档设置 界面	4.2 文本的编辑 1. 分离文本 2. 填充文本 3. 将文本分散到图层	本节主要带领大家全面学习文本的编辑，在光盘 4.2 节中有相关内容的操作视频，并特别针对本节所学设置了具体的实例分析。 大家可以在阅读本节内容后再学习光盘，以达到巩固和提升的效果。

有时候，我们需要使用 Flash 制作网站，在制作过程中首先要注意的是子文件与主场景保持统一长宽比例。

4.2.1 分离文本

分离文本就是将文字完全打散，使文字变成图形，这样就可以对图形进行编辑，制作出各种文字效果。

下面介绍文字分离的步骤。

❶ 在"工具箱"中选择"选择"工具 ▶，在舞台上选择所要操作的文本，如图 4-23 所示。

❷ 选择"修改"→"分离"命令，操作完成后文本分开显示，如图 4-24 所示。

图 4-23　分离前

图 4-24　分离后

4.2.2 填充文本

在 Flash CS6 中，对文本执行两次分离操作时，则此时的文本将为矢量图形，此时即可对图形进行色彩填充。

下面是填充文本的步骤。

❶ 在"工具箱"中选择"选择"工具 ▶，在舞台上选择所要操作的文本，如图 4-25 所示。

❷ 单击"修改"菜单，选择"分离"命令，效果如图 4-26 所示。

图 4-25　选择文本

图 4-26　打散文本

❸ 单击"填充文本"的"文"字，再次选择"分离"命令，如图 4-27 所示。

❹ 在舞台空白处单击，在"工具箱"中选择"颜料桶"工具 ◇，设置填充颜色为"绿色"(#006600)，如图 4-28 所示。

❺ 移动鼠标至"文"字下侧并单击，"文"字下侧颜色将填充为绿色，如图 4-29 所示。

右击任务栏的空白区域，从弹出的快捷菜单中选择"属性"命令，在弹出的对话框中切换到"任务栏"选项卡，选中"显示快速启动"复选框，单击"确定"按钮，就可以将丢失的快速启动栏找回来。

图 4-27 选择单个文本

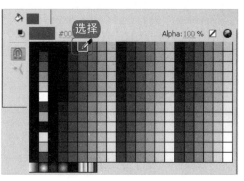

图 4-28 选择颜色

图 4-29 填充文本

在 Flash CS6 中，没有两次打散的文本是不能进行填充操作的。

4.2.3 将文本分散到图层

在 Flash CS6 中，当我们想对一串数字或字母中的单个进行编辑的时候，我们可以将该串数字或字母分散到图层，进行各个调整和编辑。

在 Flash CS6 中，可以将成串的文字、数字、字母或符号分散到各个图层，"分散到图层"操作后，可以对它们进行单个编辑。

1 在"工具箱"中选择"文本"工具 T，在舞台上单击并输入一段英文字母"abcdefg"，如图 4-30 所示。
2 使用"选择"工具选中舞台上的文本，选择"修改"→"分离"命令，此时效果如图 4-31 所示。
3 整体选中舞台上的文本，选择"修改"→"时间轴"→"分散到图层"命令，此时每个单个字母分散到单独的图层中，每个图层的名字以对应字母命名，如图 4-32、图 4-33 所示。

在执行"导入到舞台"命令时，可按 Ctrl+R 组合键进行操作。

图 4-30　输入文本

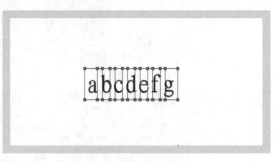

图 4-31　打散文本

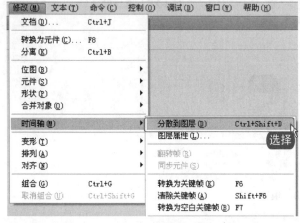

图 4-32　选择"分散到图层"命令

图 4-33　"分散到图层"效果

4.3　文本的使用

在 Flash CS6 中，文本的使用。Flash 在文字处理方面有着出色的表现，在 Flash CS6 中功能非常强大，不但可以输入静态文本更可以制作交互式文本，及绚丽的文字动画。

■■■书盘互动指导■■■

⊙ 示例	⊙ 在光盘中的位置	⊙ 书盘互动情况
	4.3 文本的使用 1. 为文本消除锯齿 2. 为文本添加超链接	本节主要带领大家全面学习文本的使用，在光盘 4.3 节中有相关内容的操作视频，并特别针对本节所学设置了具体的实例分析。 大家可以在阅读本节内容后再学习光盘，以达到巩固和提升的效果。

在 Flash 中，使用代码加载 SWF 或 JPEG 文件的绝对或相对 URL，是不可以包含文件夹或磁盘驱动器说明的。

4.3.1 为文本消除锯齿

在"属性"检查器中，从"消除锯齿"下拉菜单中可以选择以下选项。

- 使用设备字体：指定 swf 文件使用本地计算机上安装的字体来显示字体。
- 位图文本(未消除锯齿)：关闭消除锯齿功能，不对文本提供平滑处理。
- 动画消除锯齿：通过忽略对齐方式和字距微调信息来创建更平滑的动画。
- 可读性消除锯齿：使用 Flash 文本呈现引擎来改进字体的清晰度。
- 自定义消除锯齿：可以修改字体的属性。使用"清晰度"可以指定文本边缘与背景之间的过渡的平滑度。使用"粗细"可以指定字体消除锯齿转变显示的粗细。

4.3.2 为文本添加超链接

在 Flash CS6 中，为文本添加链接，在运行该 Flash 影片的时候，单击该文本所在位置，即可链接到它所指向的 URL 地址。为文本添加超链接的方法如下。

在 Flash CS6 中对文本添加超链接，是一项很实用的操作。打开文本属性面板，在"选项"的"链接"文本框中输入你要添加的超链接地址即可。

1. 选择"选取"工具 ，在舞台上选择所要操作的文本，如图 4-34 所示。
2. 选择"窗口"→"属性"命令，在文本"属性"面板中选择"选项"，在"链接"文本框中输入要链接到的 URL，如图 4-35 所示。

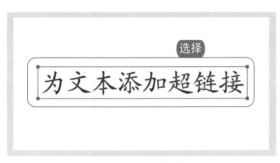

图 4-34 选择文本

图 4-35 输入链接地址

4.4 应用实例：制作金属文字

制作文本特殊效果主要是针对传统文本类型中的静态文本。文本特殊效果多种多样，制作方法各异，以下介绍一种简单漂亮的文本特效——金属字。

金属字的制作，主要使用"文本"工具、"墨水瓶"工具、"颜料桶工具"等，结合了颜色面板、属性面板的运用。

将图像文件导入到舞台的同时，也将自动导入到"库"面板中，且在"颜色"面板的"位图"模式下也可以看到所导入的图像文件。

书盘互动指导

⊙ 示例	⊙ 在光盘中的位置	⊙ 书盘互动情况
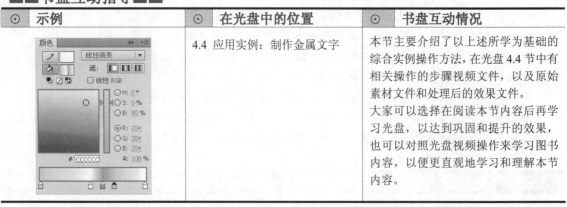	4.4 应用实例：制作金属文字	本节主要介绍了以上述所学为基础的综合实例操作方法，在光盘 4.4 节中有相关操作的步骤视频文件，以及原始素材文件和处理后的效果文件。 大家可以选择在阅读本节内容后再学习光盘，以达到巩固和提升的效果，也可以对照光盘视频操作来学习图书内容，以便更直观地学习和理解本节内容。

下面是制作金属文字的具体步骤。

1 打开 Flash CS6，新建一个尺寸为 500 像素 × 400 像素，背景为蓝色的空白文档，文档设置如图 4-36 所示。

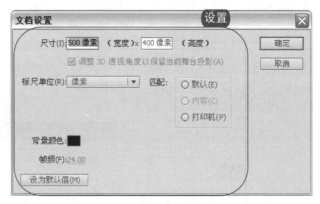

图 4-36　文档设置

2 选择工具箱中的"文本"工具 T，打开"属性"面板，设置文字字体为 Arial，"大小"为 70，"颜色"为"黑色"，"样式"为 Blod，如图 4-37 所示。

3 设置完成后，在舞台上输入"WORLD"，如图 4-38 所示。

图 4-37　文本属性设置

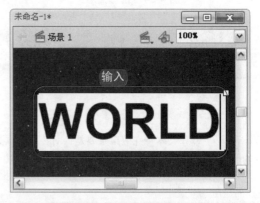

图 4-38　输入文本

笔记本电脑液晶显示屏的大小很大程度上决定了其显示分辨率的高低。液晶显示屏的点距和显示分辨率是极为重要的两个参数。在屏幕大小一定的前提下，点距越小，则屏幕图像就越清晰、细腻。

④ 选中舞台上的文本，连续两次按 Ctrl+B 组合键将文字打散。

⑤ 选择 "墨水瓶" 工具，设置其笔触颜色为白色，笔触大小为 2，如图 4-39 所示。

⑥ 在 "WORLD" 文字轮廓上单击鼠标左键，为文字添加边框，如图 4-40 所示。

图 4-39　设置 "墨水瓶工具" 属性

图 4-40　填充文本边框

⑦ 单击 "工具箱" 中的 "选择" 工具，按住 Shift 键选中文字内部的黑色部分，右击任意部分，在弹出的快捷菜单中选择 "转换为元件" 命令，如图 4-41 所示。

⑧ 在如图 4-42 所示的 "转换为元件" 对话框中输入元件名称 "world"，选择 "类型" 为 "图形"，单击 "确定" 按钮。

图 4-41　将文本内部转换为元件

图 4-42　"转换为元件" 对话框

⑨ 按 Delete 键删除舞台中的 world 元件，只剩下轮廓线，如图 4-43 所示。

⑩ 选择 "编辑" → "全选" 命令或按 Ctrl+A 组合键选中轮廓线，选择 "修改" → "形状" → "将线条转换为填充" 命令，将轮廓线条转换为填充格式，如图 4-44 所示。

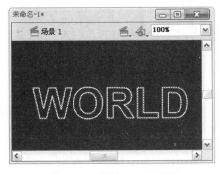

图 4-43　删除 world 元件

图 4-44　将线条转换为填充

电脑小百科

　　转换为矢量图后的位图不会受 "库" 面板的影响，并以色块的形式出现在舞台中。

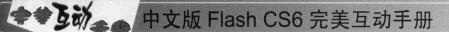

⑪ 选择"颜料桶"工具，将填充颜色更改为黑白线性渐变，从上至下进行渐变填充如图 4-45 所示。

⑫ 全选轮廓线，并将其转换成名为"border"的图形元件，如图 4-46 所示。

图 4-45　线性填充　　　　　　　　　　图 4-46　创建"border"元件

⑬ 双击打开 world 元件编辑窗口，选择"窗口"→"颜色"命令或者按 Shift+F9 组合键打开"颜色"面板。在渐变条中间添加 3 个指针，设置其线性渐变从左至右分别是#CCCCCC、#FFFFFF、#999999、#CCCCCC 和#FFFFFF，为文字添加渐变色，如图 4-47 所示。

⑭ 单击"返回"按钮返回场景，将 world 元件从"库"面板中拖到场景舞台中，并将其与 border 元件重合，效果如图 4-48 所示。

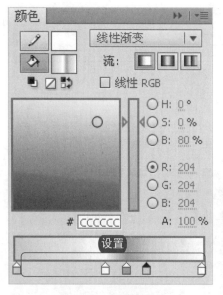

图 4-47　设置渐变色　　　　　　　　　图 4-48　"金属字"效果

学 习 小 结

本章主要介绍了 Flash CS6 中文本的分类，文本的创建与编辑。

通过本章的学习，读者能够熟练运用 Flash 文本工具，熟悉 Flash 文本的编辑和使用。

选择"开始→运行"命令，在弹出的"运行"对话框中输入"shutdown.exe-s-t 3600"，然后单击"确定"按钮，可以对电脑进行定时关机，其中输入的"3600"即为设置的定时关机时间，可根据个人需要进行设置。

下面对本章的重点做个总结。

(1) Flash 提供了强大并且组织有序的文本编辑功能，但是只有在对基本的知识更熟悉以后才能充分利用这些工具。

(2) Flash 把文本控制选项都集成到属性面板中，相对于以前的版本，文本处理的工作可以进行得更加直观和顺畅。

(3) Flash 提供了 3 种可以用于交互式项目的文本类型：静态文本、动态文本和输入文本。

(4) Flash 需要系统中有完整的字体信息，这样才能把它们正确地发布到最终的动画(.swf)中。如果需要打开的 FLash(.fla)中包含系统中不可用的字体，可以临时选择替代字体而不破坏原文件中的字体信息。

(5) 使用分离命令可以把文本框中的一行文本打散成单个字符，在同一文本框上两次应用分离命令可以把文本轮廓转换成矢量形状。

互 动 练 习

1. 选择题

(1) Flash 中使用的 3 种主要的文本区域类型为：静态文本、动态文本和( )。

    A．填充文本   B．编辑文本

    C．TLF 文本   D．输入文本

(2) Flash CS6 文本工具的"属性"面板中，以下( )不是"消除锯齿"中的选项。

    A．使用设备字体   B．位图文本

    C．动画消除锯齿   D．高速预览

(3) 分离文本的快捷键是( )。

    A．Ctrl+E   B．Ctrl+B

    C．Ctrl+F   D．Ctrl+G

2. 思考与上机题

(1) 创建静态文本"百度一下"，并为其设置超链接 www.baidu.com。

(2) 说说静态文本、动态文本和输入文本的不同点。

(3) 按以下要求制作"彩虹字"，效果如下图所示。

制作要求：

① 在 Flash CS6 中选择"文本"工具，在文本属性设置里选择字体"隶书"、字号 50、

打雷的时候容易打坏网卡和主板，因此建议在打雷时尽可能不使用电脑，并切断电源，拔掉网线。

传统文本、静态文本、默认颜色。

② 在舞台中央创建文本"彩虹字"。

③ 对"五彩字"进行两次打散操作，并填充为彩色渐变。

在将位图转换为矢量图后，有时会发现转换后的文件比源文件还要大，这是由于转换过程产生的图形较多的缘故。

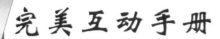
完美互动手册

第5章

图层的管理和编辑

本章导读

在 Flash CS6 中，图层是最基本的内容。我们可以在各个图层中创建和编辑 Flash 动画，还可以根据需要，在不同图层上编辑不同的动画而互不影响，再用不同图层上的内容组成一部 Flash 影片。

本章主要介绍 Flash CS6 中图层的相关知识及其基本操作，并通过实例解析，帮助读者快速掌握如何在 Flash CS6 中创建和使用图层。

精
彩
看
点

- 图层的概念
- 图层的状态
- 引导层的创建和使用

- 使用图层
- 组织图层
- 遮罩层的使用

中文版 Flash CS6 完美互动手册

 5.1 图层的基本概念

在 Flash CS6 中，图层可以看成是叠放在一起的透明胶片，如果层上没有任何东西的话，你就可以透过它直接看到下一层。在 Flash CS6 中，图层可分为普通图层、遮罩图层和引导图层 3 种。当普通图层与引导图层关联后，就成为被引导图层；而与遮罩图层相关联后，则成为被遮罩图层。图层的类型在时间轴中的图层名称前通过不同的图标来区分。从下往上依次为普通图层、被引导层、引导层、被遮罩层和遮罩层。

- 普通图层的图标为 🖺，启动 Flash CS6 后，默认情况下只有一个图层，该图层即为普通图层。
- 引导层的图标为 🖱，该图层的内容一般作为下面的图层内容的引导线，它与引导层动画紧密相连。在 Flash CS6 中创建一个引导层，如果该引导层没有被引导层，那么它的图标将由 🖱 变为 ✖。普通图层和引导层如图 5-1 所示。
- 遮罩层用于遮挡被遮罩层中的图形，其图标为 ▨，将某个图层设置为遮罩层的时候，被遮罩层的图标就会变为 🖾，如图 5-2 所示。

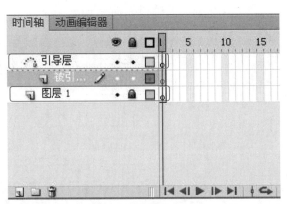

图 5-1 普通图层和引导层　　　　　图 5-2 遮罩层

知识补充 ★

在 Flash CS6 中，使用图层并不会增加动画文件的大小，相反它可以更好地帮助我们安排和组织图形、文字和动画。

 5.2 使用图层

图层不是固定不变的，每个图层都可以通过修改来实现用户需要的动画效果，下面将简单介绍如何对图层进行操作。

在 Flash 中，隐藏时间轴的快捷键是 Ctrl+Alt+t。

━━书盘互动指导━━

⊙ 示例	⊙ 在光盘中的位置	⊙ 书盘互动情况
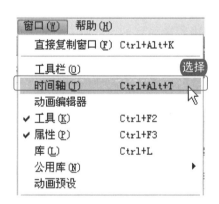	5.2 使用图层 　1. 创建新图层 　2. 选取、复制和删除图层 　3. 重命名图层 　4. 调整图层顺序 　5. 设置图层属性	本节主要带领大家学习图层的使用，在光盘 5.2 节中有相关内容的操作视频，并特别针对本节内容设置了具体的实例分析。 大家可以在阅读本节内容后再学习光盘，以达到巩固和提升的效果。

5.2.1　创建新图层

在 Flash CS6 中，创建新图层的方法非常简单，创建图层的操作在时间轴上完成，具体操作步骤如下。

❶ 在新建的 Flash 文档中选择"窗口"→"时间轴"命令调出"时间轴"面板，如图 5-3 所示。

❷ 选择一个已经存在的图层，然后单击"时间轴"面板左下方的"插入图层"按钮 ，就会增加一个图层，如图 5-4 所示。

图 5-3　选择"时间轴"命令　　　　　　图 5-4　新建图层

知识补充

　　在 Flash CS6 中创建新图层还有一种方法，选择现有图层中的某一图层，然后单击鼠标右键，在弹出的快捷菜单中选择"插入图层"命令，即可在该图层上方添加一个新图层。

5.2.2　选取、复制和删除图层

选取、复制和删除图层是 Flash 动画制作中的基本操作，下面就来分别对其进行介绍。

1. 选取图层

Flash CS6 中的所有操作都是在活动图层上进行的，在图层名称旁边有一个铅笔图标 ，表示该图层为当前的活动图层。任何时间都只能有一个活动图层。要编辑某个图层中的内容，需要先选中该图层，将其变成活动图层。在 Flash CS6 中，对图层进行操作方法如下。

● 选取单个图层：在已存在的 Flash 文档中，用鼠标左键单击图层，图层名称的后面出现一个铅笔形状的标识，如图 5-5 所示。

● 选取多个图层：按住 Ctrl 功能键，在要选中的图层上依次单击，如图 5-6 所示。

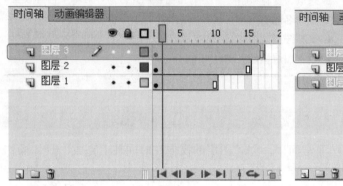

| 图 5-5　选取单个图层 | 图 5-6　选取多个图层 |

2. 复制图层

在 Flash CS6 中，复制图层实际上就是将一个图层上的内容转移到另一个图层中，这个操作可以通过复制粘贴帧来实现，具体操作步骤如下。

❶ 选中某个图层，选择"编辑"→"时间轴"→"复制帧"命令，复制图层 1 中的帧，如图 5-7 所示。

❷ 单击时间轴的"插入图层"按钮，创建一个新图层。

❸ 选中新图层，选择"编辑"→"时间轴"→"粘贴帧"命令，粘贴到图层 2，如图 5-8 所示。

| 图 5-7　复制图层 1 中的帧 | 图 5-8　粘贴到图层 2 |

3. 删除图层

要在 Flash 中将已存在的图层删除，可以使用以下两种方法。

● 选中一个图层，单击"时间轴"左下角的"垃圾桶"按钮，即可删除图层。

● 也可以在需要删除的图层上单击鼠标右键，在弹出的快捷菜单中选择"删除图层"命令，即可将该图层删除。

在使用软件未正常结束时，不要关闭电源，否则会造成系统文件损坏或丢失，引起自动启动或者运行中死机。

如果要将所有的图层都选中，可以先单击时间轴最上面的图层，然后按住 Shift 功能键不放，再单击最下面的图层即可。

5.2.3　重命名图层

在时间轴中直接添加图层是按照"图层 1"、"图层 2"……的顺序依次命名的，这种命名方式在制作多图层动画时很容易混淆，在 Flash 中可根据图层内容的不同分别对图层进行重命名。为图层重命名的方法有以下两种。

- 在需要重命名的图层上单击右键，在弹出的快捷菜单中选择"属性"命令，弹出"图层属性"对话框，在"名称"文本框中输入新的名称即可，如图 5-9 所示。
- 在需要重命名的图层名称上双击，图层名称即会处于编辑状态，直接输入名称即可，如图 5-10 所示。

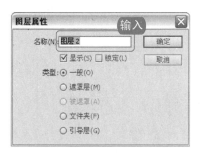

图 5-9　输入名称

图 5-10　在图层上双击修改名称

5.2.4　调整图层顺序

在 Flash 中，默认情况下，新建的图层总是在原来图层的上面，但有时为了创作的需要，必须将新建的图层放在原来的图层下面，下面将简单介绍如何为图层排列顺序。

1. 新建 Flash 文档，单击时间轴左下角的"新建图层"按钮，在"图层 1"的上方插入"图层 2"、"图层 3"和"图层 4"，如图 5-11 所示。
2. 用鼠标选中"图层 2"，然后将其拖曳到"图层 3"的上方，当将"图层 2"拖动到"图层 3"上方后，"图层 2"中的对象将显示在"图层 3"中对象的上面，如图 5-12 所示。

图 5-11　插入图层

图 5-12　调整图层顺序

用户可导入视频剪辑到动画中，此时所选视频文件将成为动画文档的元件，而插入到文档中的内容则成为了该元件的实例。

图层之间的排列顺序就决定了场景中各对象的排列顺序，排在图层窗口中最上面的图层，它的对象就排在其他图层的对象上面。

5.2.5 设置图层属性

Flash 动画是在图层中制作的，通过不同的图层组合实现不同效果的动画，图层可以通过"图层属性"进行设置，使用"图层属性"对话框可以设置图层的显示状态和属性，具体操作步骤如下。

❶ 选中一个图层，选择"修改"→"时间轴"→"图层属性"命令或是右击该图层，在弹出的快捷菜单中选择"属性"命令，如图 5-13 所示。

❷ 在弹出的"图层属性"对话框中，设置名称、类型、轮廓颜色和图层高度等属性，如图 5-14 所示。

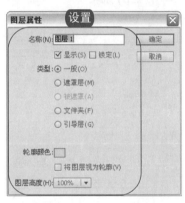

图 5-13 选择"图层属性"命令　　　　图 5-14 "图层属性"对话框

5.3 图层状态

"时间轴"面板的左侧为"层控制区"，右侧为"时间线控制区"。在"时间轴"面板的层控制区上从左到右有 3 个按钮，依次为"显示或隐藏所有图层"、"锁定或解除锁定所有图层"、"将所有图层显示为轮廓"，通过这 3 个按钮可以切换图层的状态。

══书盘互动指导══

⊙ 示例	⊙ 在光盘中的位置	⊙ 书盘互动情况
	5.3 图层状态 1. 显示和隐藏图层 2. 锁定和解锁图层 3. 显示图层轮廓	本节主要带领大家认识图层的几种不同状态，在光盘 5.3 节中有相关内容的操作视频，并特别针对本节内容设置了具体的实例分析。 大家可以在阅读本节内容后再学习光盘，以达到巩固和提升的效果。

在安装应用软件当中，若出现提示对话框"是否覆盖文件"，最好选择不要覆盖。因为通常当前系统文件是最好的，不能根据时间的先后来决定覆盖文件。

5.3.1 显示和隐藏图层

在多图层动画的制作过程中，为了操作方便，往往需要将一些图层隐藏起来，在制作完毕后，再将其显示在舞台中。

- 显示和隐藏单个图层：单击要隐藏的图层名称右侧的小黑点，即可隐藏该图层。此时该图层名称后面的小黑点上会出现一个红色的叉号，舞台中相应的内容也被隐藏起来了，如图 5-15 所示。
- 显示和隐藏所有图层：用鼠标单击"隐藏或显示所有图层"图标 ，可以将图层列表中的所有图层隐藏或显示，如图 5-16 所示。

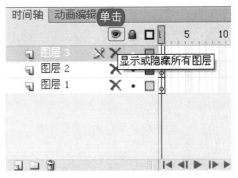

图 5-15 隐藏单个图层   图 5-16 隐藏所有图层

5.3.2 锁定和解锁图层

锁定图层是指该图层当前处于锁定状态，能显示但无法对其进行修改。在多场景动画的制作过程中，对某个图层中的对象进行编辑的时候，可以利用"锁定或解除锁定图层"功能来避免出现这种错误。

- 锁定和解锁单个图层：单击要锁定的图层名称右侧 图标下的小黑点，即可锁定该图层。再单击一次即可解除锁定，如图 5-17 所示。
- 锁定和解锁所有图层：用鼠标单击"锁定或解除锁定所有图层"图标 ，可以将图层列表中的所有图层隐藏或显示，如图 5-18 所示。

图 5-17 锁定单个图层   图 5-18 锁定所有图层

电脑小百科

按 Ctrl+T 组合键，可打开"变形"面板，用户可以从中对图像进行更为精确的倾斜和旋转操作。

5.3.3 显示图层轮廓

要将 Flash 中所有图层显示为轮廓只需单击图层名称右侧的按钮 □ 即可。若要单层显示轮廓则只需单击相应图层名称后的方框 □。图 5-19、图 5-20 分别为显示单个图层轮廓和显示所有图层轮廓。

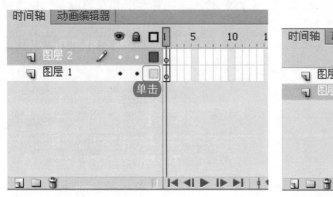

图 5-19 显示单个图层轮廓   图 5-20 显示所有图层轮廓

5.4 组织图层

在 Flash CS6 中，当一个文档中的图层比较多的时候，可以在时间轴中创建图层文件夹以便对图层进行管理，创建图层文件夹的方法如下。

● 在时间轴中选择一个图层或文件夹，然后选择"插入"→"时间轴"→"图层文件夹"命令，如图 5-21 所示。

● 在某个图层上单击鼠标右键，从弹出的快捷菜单中选择"插入文件夹"命令，新文件夹将出现在所选图层或文件夹的上方，如图 5-22 所示。

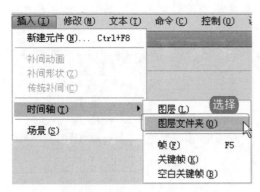

图 5-21 选择"时间轴"→"图层文件夹"命令

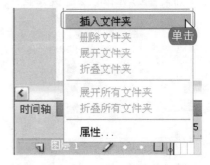

图 5-22 选择"插入文件夹"命令

● 选择某一图层，单击时间轴底部的"新建文件夹"图标 □，如图 5-23 所示，新文件夹将出现在所选图层或文件夹的上方，如图 5-24 所示。

在卸载软件时，不要删除共享文件，因为某些共享文件可能被系统或者其他程序使用，一旦删除这些文件，会使应用软件无法启动而死机，或者出现系统运行死机。

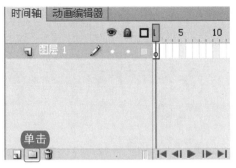

图 5-23　单击"新建文件夹"图标

图 5-24　新建图层文件夹

创建文件夹后，还可以对该文件夹进行重命名和删除等操作，其方法与图层的操作方法类似，这里将不再叙述。

 ## 5.5　引导层的创建和使用

引导层是 Flash 引导层动画中绘制路径的图层。引导层中的图案可以为绘制的图形或对象定位，主要用来设置对象的运动轨迹。引导层不从影片中输出，所以它不会增加文件的大小，而且它可以多次使用。

═══书盘互动指导═══

⊙ 示例	⊙ 在光盘中的位置	⊙ 书盘互动情况
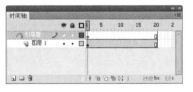	5.5 引导层的创建和使用 　1. 创建引导层 　2. 引导层和被引导层中 　　对象的处理	本节主要带领大家学习引导层的创建和使用，在光盘 5.5 节中有相关内容的操作视频，并特别针对本节内容设置了具体的实例分析。 大家可以在阅读本节内容后再学习光盘，以达到巩固和提升的效果。

5.5.1　创建引导层

在 Flash 中，将一个或多个图层链接到一个运动引导层中，使一个活多个对象沿着同一条路径运动的动画形式被称为引导层动画，这种动画使一个或多个元件完成曲线运动或不规则运动。

在 Flash 中，一个最基本的"引导路径动画"由两个图层组成，上面一层是"引导层"，其图标为 ，下面一层是"被引导层"，图标为 ，同普通图层一样。下面介绍创建引导层最简单的方法，具体操作步骤如下。

❶ 在图层 1 上单击鼠标右键，在弹出的快捷菜单中选择"添加传统运动引导层"命令，如图 5-25 所示。

❷ 此时图层 1 的上方出现一个引导层，图层 1 自动变为被引导层，如图 5-26 所示。

电脑小百科

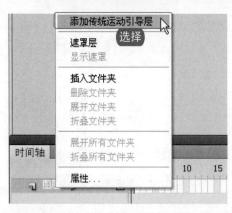

图 5-25 选择"添加传统运动引导层"命令

图 5-26 引导层和被引导层

5.5.2 引导层和被引导层中对象的处理

在 Flash 中,引导层是用来指示元件运行路径的,所以"引导层"中的内容可以是用钢笔、铅笔、线条、椭圆工具、矩形工具或画笔工具绘制出的线段。

而"被引导层"中的对象是跟着引导线走的,可以使用影片剪辑、图形元件、按钮以及文字等,但不能应用形状。

5.6 遮罩层的使用

遮罩动画是 Flash 中的非常重要的动画类型,很多炫目神奇的动画效果都是通过遮罩动画完成的。遮罩动画是利用遮罩图层来完成的动画,遮罩图层是一种特殊的图层,使用遮罩图层后,只有遮罩图层中填充色块下的被遮罩层的内容才能显示出来,在一个遮罩动画中,遮罩层只有一个,但被遮罩层则可以有任意多个。

══书盘互动指导══

⊙ 示例	⊙ 在光盘中的位置	⊙ 书盘互动情况
	5.6 遮罩层的使用	本节主要带领大家学习遮罩层的使用,在光盘 5.6 节中有相关内容的操作视频,并特别针对本节内容设置了具体的实例分析。大家可以在阅读本节内容后再学习光盘,以达到巩固和提升的效果。

在 Flash 中,没有专门的按钮用来创建遮罩层,遮罩层是由普通图层转换的。

❶ 在图层 2 上单击鼠标右键,在弹出的快捷菜单中选择"遮罩层"命令,如图 5-27 所示。

❷ 此时图层 1 的上方出现一个遮罩层,图层 1 自动变为被遮罩层,如图 5-28 所示。

在内存较小的情况下(如 4MB ~ 16MB),最好不要运行占用内存较大的应用程序,否则在运行时容易出现死机。

图 5-27 添加遮罩层

图 5-28 遮罩层和被遮罩层

知识补充 ★

遮罩层主要有两大作用：一是将遮罩层用在整个场景中或某个特定区域中，使场景外的对象或特定区域外的对象不可见；二是用来遮罩住某个对象的其中一部分，从而实现部分动画的特殊效果。

5.7 应用实例：制作简单遮罩动画

实例解析 Flash

遮罩是 Flash 提供的一种辅助工具，类似于 Photoshop 中的"蒙版"。本章我们已经对遮罩层有了一些初步的了解，下面就让我们一起来学习遮罩层的制作步骤吧，其实真的非常简单。

■■书盘互动指导■■

⊙ 示例	⊙ 在光盘中的位置	⊙ 书盘互动情况
未命名-1* 场景 1 100% 遮罩	5.7 应用实例：制作简单遮罩动画	本节主要介绍了以上述所学内容为基础的综合实例操作方法，在光盘 5.7 节中有相关操作的视频文件，以及原始素材文件和处理后的效果文件。大家可以选择在阅读本节内容后再学习光盘，以达到巩固和提升的效果，也可以对照光盘视频操作来学习本节内容，以便更直观地学习和理解。

制作简单的遮罩层的具体操作步骤如下。

 创建"被遮罩层"图层，选择"文本"工具输入文本，如图 5-29 所示。

 新建"遮罩图层"图层，选择"椭圆"工具，绘制一个圆形作为遮罩，如图 5-30 所示。

| 图 5-29　添加遮罩层 | 图 5-30　遮罩层和被遮罩层 |

❸ 右击遮罩图层，在弹出的快捷菜单中选择"遮罩层"命令，创建遮罩层，如图 5-31 所示。

❹ 此时带有▢记号的图层是遮罩层，带有▆记号的图层是被遮罩层，简单的遮罩就完成了，如图 5-32 所示。

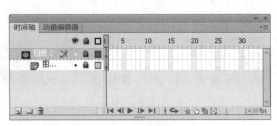

图 5-31　创建遮罩层

图 5-32　遮罩后的效果

学 习 小 结

　　本章主要介绍了 Flash CS6 中图层的基本类型、基本操作，包括新建图层、新建图层文件夹，创建引导层和遮罩层等相关操作，从而使读者能够在动画制作时快速地对图层进行正确的编辑和操作。

　　在学习本章的同时，对于 Flash 的图层，还应掌握在图层的文件夹中怎样进行添加、删除与编辑图层。

　　下面对本章的重点做个总结。

　　(1) 在 Flash CS6 中，图层是最基本也是最重要的内容，熟悉图层的各项编辑操作是学习 Flash 的重要一步。

　　(2) 图层的 3 种类型：普通图层、引导图层、遮罩图层。

　　(3) 时间轴是 Flash 中最常用的部分，时间轴上的层控制区上有 3 个选项：依次为"显示或隐藏所有图层"、"锁定或解除锁定所有图层"、"将所有图层显示为轮廓"，通过这 3 个按钮可以切换图层的状态。

　　(4) 使一个或多个对象沿同一条路径运动的动画形式被称为引导层动画；遮罩图层是一种特殊的图层，使用遮罩图层后，只有遮罩图层中填充色块下的被遮罩层的内容才能显示出来。

　　在上网的时候，不要一次打开太多的浏览窗口，否则会导致资源不足，引起死机。

互 动 练 习

1. 选择题

(1) 在 Flash CS6 中，图层可分为普通图层、引导图层和(　　)3 种类型。

    A．被引导层　　　　　B．遮罩图层　　　　　C．隐藏图层　　　　　D．特殊图层

(2) 在 Flash CS6 的图层面板中，其下侧的各个按钮中(　　)是建立图层按钮。

    A．　　　　　　　　B．　　　　　　　　C．　　　　　　　　D．

(3) 在"时间轴"面板的层控制区上从左到右有 3 个按钮，(　　)没有调整图层状态的作用。

    A．显示或隐藏所有图层　　　　　　　　B．新建图层

    C．锁定或解除锁定所有图层　　　　　　D．将所有图层显示为轮廓

(4) 在"图层属性"设置面板中不能进行设置的是(　　)。

    A．名称　　　　　　　　　　　　　　　　B．图层高度

    C．轮廓颜色　　　　　　　　　　　　　　D．场景大小

2. 思考与上机题

(1) 创建一个图层文件夹，将图层 1 置于此文件夹中。

(2) 怎样建立遮罩层与被遮罩层？

(3) 选取一个图层，将图层名字改为"文字"，并在此图层中创建一个文字对象。

制作要求：

① 在 Flash CS6 中选择"文本"工具，在文本属性设置里选择字体"隶书"、字号 50、传统文本、静态文本、默认颜色。

② 在舞台中央创建文本"彩虹字"。

③ 对"彩虹字"进行两次打散操作，并填充为彩色渐变。

在进行套封操作时，若按住 Alt 键并拖动圆心控制点，则只对图形的一边进行操作。

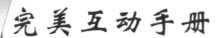完美互动手册

第6章

元件、实例和库的使用

本章导读

　　元件和实例在Flash CS6中的应用非常广泛，它们的重要性也是不言而喻的。通过元件及实例的制作，并导入到"库"面板中，从而起到重复使用的作用，以提高动画制作的效率。

　　除Flash CS6本身提供的制作元件和公用库之外，用户还可以根据需要从不同地方导入元件，也可从网上下载许多外部元件库，导入后加以修改并使用。

　　本章主要介绍Flash CS6中元件、实例、库的基本操作，并通过实例解析，帮助读者快速掌握元件、实例、库的相关知识。

精彩看点

- 创建和管理元件
- 创建与编辑实例
- 调用外部库元件

- 编辑元件
- 库面板
- 公用库

6.1　创建和编辑元件

元件是 Flash CS6 中最重要、最基本的元素。它是指一个可重复使用的动画、图像或按钮，可以独立于主动画来进行播放。

实例是指元件在工作区的实际应用。使用元件可以简化影片的编辑，将影片中要多次使用的元素做成元件，当修改元件之后，其所有实例都会随之更新，而不必逐一更改。

■■书盘互动指导■■

⊙　示例	⊙　在光盘中的位置	⊙　书盘互动情况
	6.1　创建和编辑元件 　　1.　元件的类型 　　2.　创建元件 　　3.　元件的注册点与中心点 　　4.　编辑元件	本节主要带领大家全面学习创建和编辑元件，在光盘 6.1 节中有相关内容的操作视频，并特别针对本节内容设置了具体的实例分析。 大家可以在阅读本节图书内容后再学习光盘，以达到巩固和提升的效果。

6.1.1　元件的类型

在 Flash CS6 中，创建一个元件，首先要确定其在影片中的作用。Flash 中有三类元件，即图形元件、影片剪辑元件和按钮元件。

1. 图形元件

在 Flash CS6 中，图形元件用于创建可反复使用的图形，从而减少动画创作者在动画创作过程中对同一图形的多次绘制工作。

而且这种动画执行时是与主动画同步运行的，即主动画停止，它也就随之被中断。在 Flash 中图形元件可以是静止的图片，也可以是多帧的动画，但是不能产生交互式效果和声音。图 6-1 所示为创建图形元件，图 6-2 所示为已经创建好的图形元件。

图 6-1　创建图形元件

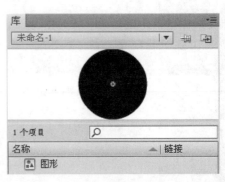

图 6-2　图形元件

图形元件不能添加交互行为和进行声音控制，而影片剪辑元件和按钮元件是可以的。

2. 影片剪辑元件

影片剪辑元件拥有独立于主时间轴的多帧时间轴，可以将影片剪辑看作是主时间轴内的嵌套时间轴，其中可包含交互式控件、声音甚至其他影片剪辑实例，是 Flash 中用途最多、功能最强的元件。

影片剪辑元件本身就是一段动画，可具有互动功能，还可以播放声音，也可以将影片剪辑实例放在按钮元件的时间轴内，以创建动画按钮。影片剪辑元件的动画和交互性在编辑时不能直接看到效果，必须选择"控制"→"测试影片"命令或是按 Ctrl+Enter 组合键，打开播放器才能演示其动画和交互效果。图 6-3 所示为创建影片剪辑，图 6-4 所示为已经创建好的影片剪辑元件。

图 6-3　创建影片剪辑

图 6-4　影片剪辑元件

3. 按钮元件

使用按钮元件可以创建响应鼠标点击、滑过或其他动作的交互式按钮。可以定义与各种按钮状态关联的图形，然后将动作指定给按钮实例。

按钮元件 4 种状态的含义如下：

- 弹起：当鼠标指针不在按钮上的状态。
- 指针经过：当鼠标指针在按钮上，但没有按下鼠标时的状态。
- 按下：当鼠标单击按钮时的状态。
- 点击：定义对鼠标有效的单击区域。

图 6-5 所示为按钮元件，图 6-6 所示为按钮元件的 4 种状态。

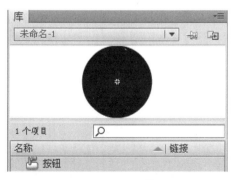

图 6-5　按钮元件

图 6-6　按钮元件的 4 种状态

选取需要转换成元件的对象，将选取的对象直接拖入"库"面板中，这样也可以弹出"转换为元件"对话框。

知识补充 ★

在 Flash CS6 中，可以为影片剪辑和按钮元件添加滤镜效果，图形元件不能添加行为和声音控制，也不能添加滤镜效果。

6.1.2 创建元件

元件是一种可以重复使用的对象。在制作复杂动画时可以将整个动画过程分解为几个部分，将每个部分组成一个元件，这样在制作过程中就会保持比较清晰的思路，并且可缩短动画的制作时间。

跟着做 1 ☞ 直接创建元件

若要在 Flash 中创建一个元件，最直接的方法就是新建元件，具体操作步骤如下。

❶ 打开 Flash CS6，新建一个空白文档。

❷ 选择"插入"→"新建元件"命令(见图 6-7)或按 Ctrl+F8 组合键打开"创建新元件"对话框。

❸ 在弹出的"创建新元件"对话框中输入元件名称，在"类型"下拉列表框中选择元件类型，单击"确定"按钮即可创建元件，如图 6-8 所示。

图 6-7 选择"新建元件"命令   图 6-8 "创建新元件"对话框

跟着做 2 ☞ 转换为元件

转换为元件是在动画制作过程中创建元件的另外一种简单、快捷的方法，它是将已经存在的图形或场景中其他对象转换为元件，其具体操作步骤如下。

❶ 使用"选择工具"选中工作区中需要转换为元件的内容，选择"修改"→"转换为元件"命令，如图 6-9 所示。

❷ 在弹出的"转换为元件"对话框中输入元件名称，在"类型"下拉列表框中选择元件类型，单击"确定"按钮即可，如图 6-10 所示。

知识补充 ★

在 Flash CS6 中，选中工作区的内容之后，可按 F8 键打开"转换为元件"对话框。对影片剪辑元件来说，在"转换为元件"对话框中同样可在"高级"选区中设置影片的交互。

如果要在当前模式返回主场景中，可单击"编辑栏"中的"返回"按钮，也可双击元件内容的外部，还可通过在"编辑"菜单下选择"编辑文档"命令。

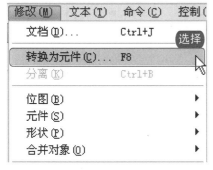

图 6-9　选择"转换为元件"命令　　　　图 6-10　"转换为元件"对话框

6.1.3　元件的注册点与中心点

元件编辑界面中的小十字，表示注册点，如图 6-11 所示。注册点是所在场景的坐标原点(0，0)。元件的坐标是以它的外边框左上角所在位置来表示的。

元件中的小圆圈表示中心点，如图 6-12 所示。形状的中心点在选中状态下可以进行移动，放弃选中则恢复到几何中心。

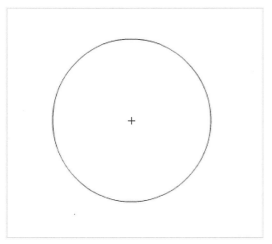

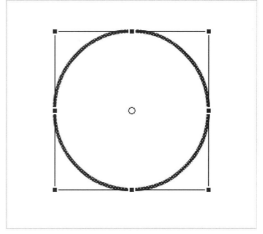

图 6-11　注册点　　　　　　　　　　图 6-12　中心点

6.1.4　编辑元件

在编辑元件时，Flash 会更新文档中该元件的所有实例。在 Flash 中，不仅可以在当前位置编辑元件、在新窗口中编辑，还可以在元件编辑模式下编辑元件。

1．在新工作区编辑元件

在新工作区中编辑元件与创建元件时的编辑区一样，工作区中只有元件的内容，没有其他对象。进入新工作区编辑元件的方法有以下几种。

- 双击"库"面板中的元件图标。

● 在舞台中右击该元件，在弹出的快捷菜单中选择"编辑"命令，如图 6-13 所示。
● 在舞台中选中该元件，选择"编辑"→"编辑元件"命令，如图 6-14 所示。

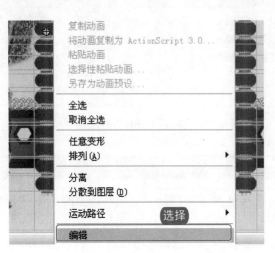

图 6-13 选择"编辑"命令

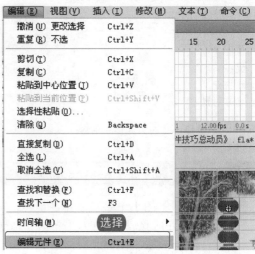

图 6-14 选择"编辑元件"命令

● 在"库"面板中选中该元件，然后从"库选项菜单"中选择"编辑"命令，或者右击该元件，在弹出的快捷菜单中选择"编辑"命令。如图 6-15 所示。

图 6-15 选择"编辑"命令

2. 在当前位置编辑元件

在当前位置编辑元件，舞台中的其他对象仍然存在，可以为编辑元件时提供参考。在当前位置编辑元件的方法有以下几种。

● 在舞台中直接双击该元件。
● 在舞台中右击该元件，在弹出的快捷菜单中选择"在当前位置编辑"命令，如图 6-16 所示。
● 在舞台中选中该元件，选择"编辑"→"在当前位置编辑"命令，如图 6-17 所示。

当进入元件的编辑模式时，则图层及时间轴面板的设置将改变为当前元件的设置。

图 6-16　在快捷菜单中选择"在当前位置编辑"命令　　图 6-17　选择"在当前位置编辑"命令

3．返回场景

完成元件的编辑后，若要返回场景，在"编辑栏"中选择返回的场景名，返回到当前场景中，则元件发生改变。

若要退出元件编辑模式返回到文档编辑状态，单击舞台顶部"编辑栏"左侧的"返回"按钮。

6.2　创建与编辑实例

在 Flash 中，实例就是将元件从元件库中拖到舞台上的一个引用，用户可以在舞台中对实例进行任意改动。

1．创建和复制实例

选中"库"面板中已存在的元件，如图 6-18 所示，将该元件拖入到舞台上，一个实例就创建好了。

复制实例的方法很简单，选择舞台上的一个实例，按住 Alt 键拖动该实例到另一个位置，松开鼠标，复制实例已成功，如图 6-19 所示。

 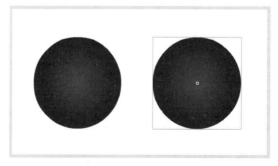

图 6-18　库中的元件　　　　　　　图 6-19　复制实例

实例的名称就是元件的名称，在"属性"面板中修改了实例的属性，并不会对"库"面板中的元件有影响。

2. 设置实例的颜色样式

每个实例都可以使用自己的色彩效果，使用"属性"面板可以设置实例的颜色和透明度，如图 6-20 所示，具体方法是：在舞台上选择实例，打开"属性"面板，从"色彩效果"的"样式"下拉列表框中选择需要的选项，如图 6-21 所示。

图 6-20 "属性"面板

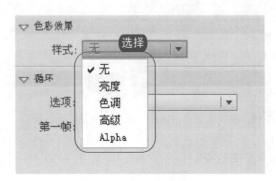

图 6-21 设置色彩效果

3. 改变实例的类型

在 Flash CS6 中，可以更改实例的类型来重新定义它在 Flash 应用程序中的行为。要修改元件的类型，在舞台上选择元件时，在"属性"面板的实例类型下拉列表框中选择相应的类型即可，如图 6-22 所示。

实例和元件一样，也有 3 种类型，即影片剪辑、按钮和图形，可在实例类型下拉列表框中进行选择，如图 6-23 所示。

图 6-22 实例的类型

图 6-23 改变实例的类型

知识补充 ★

除"图形"实例不能自定义实例名称外，其余两种均可自定义实例名称；在选择实例类型后，直接在其下侧的"实例名称"文本框中输入实例名称即可。

4. 分离实例

要断开一个实例与一个元件之间的链接，并将该实例放入未组合形状和线条的集合中，可以

用户可以单击左侧的"锁定"按钮，从而对实例的宽、高等进行修改。

"分离"该实例。在舞台上选择该实例,然后选择"修改"→"分离"命令即可分离实例。如果在分离实例之后修改该源元件,并不会用所做的更改来更新该实例。

5. 交换实例

要在舞台上显示不同的实例,并保留所有的原始实例属性(如色彩效果或按钮动作),可将实例分配到不同的元件中。

在"属性"面板中单击"交换"按钮,如图 6-24 所示,然后在打开的"交换元件"对话框中选择相应的元件即可,如图 6-25 所示。

图 6-24 交换元件

图 6-25 "交换元件"对话框

知识补充 ★

用户在交换实例时,在选择要交换的元件时,其属性、帧等应与源实例大致相同,从而只需作简单的修改即可使用;若两个实例差别较大,则将起不到多大的作用。

6.3 "库"面板

在 Flash 中有一个库面板,专门用于元件的存储和管理。在创作动画时,用户可以直接从库面板拖曳元件到场景中用于动画制作。用户还可以将元件作为共享库资源在文档之间共享。

══书盘互动指导══

⊙ 示例	⊙ 在光盘中的位置	⊙ 书盘互动情况
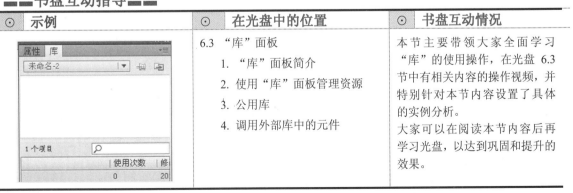	6.3 "库"面板 1. "库"面板简介 2. 使用"库"面板管理资源 3. 公用库 4. 调用外部库中的元件	本节主要带领大家全面学习"库"的使用操作,在光盘 6.3 节中有相关内容的操作视频,并特别针对本节内容设置了具体的实例分析。 大家可以在阅读本节内容后再学习光盘,以达到巩固和提升的效果。

如果在分离实例之后修改该源文件,并不会用所作的更改来更新该实例。

6.3.1 "库"面板简介

元件库主要用于存储和组织 Flash 中创建的各种元件，包括图形、按钮、影片、声音和图片等素材。此外，元件库还用于组织文件夹中的库项目，具有查看项目在文档中的使用信息等功能。

选择"窗口"→"库"命令，如图 6-26 所示，打开的"库"面板如图 6-27 所示。

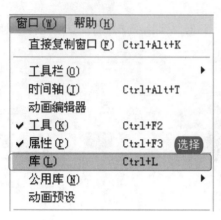

图 6-26　选择"库"命令

图 6-27　"库"面板

6.3.2 使用"库"面板管理资源

元件存放于元件库中，在元件库中也可以对其元件进行操作，下面将简单介绍如何在元件库中对元件进行操作。

1. 在"库"面板中新建元件

要在"库"面板中新建元件，直接单击"库"面板左下方的"新建元件"按钮，如图 6-28 所示，打开如图 6-29 所示的"创建新元件"对话框，即可在该对话框中新建所需要的元件。

图 6-28　单击"新建元件"按钮

图 6-29　"创建新元件"对话框

当目标元件为按钮、图形和影片剪辑元件时，单击"属性"按钮才会打开"元件属性"对话框。

知识补充

在"库"面板中新建元件还有一个方法，用户可以在"库"面板的空白处右击鼠标，然后从弹出的快捷菜单中选择"新建元件"命令。

2. 在"库"面板中新建文件夹

单击"库"面板左下方的"新建文件夹"按钮，如图 6-30 所示，输入文件夹的名称，如图 6-31 所示，此时即可将同类型的元件拖入该文件夹中。

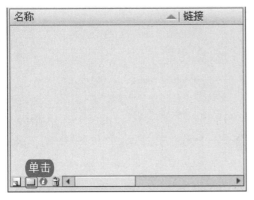

图 6-30　单击"新建文件夹"按钮

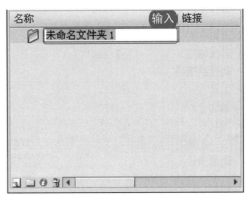

图 6-31　输入文件夹名称

知识补充

在 Flash CS6 中，通过在"库"面板中新建文件夹，能够将多个类型一致的元件或导入的素材进行归类存放，从而能够更好地管理元件及素材。

3. 更改"库"元件的属性

若在"库"面板中修改元件的属性，单击左下方的"属性"按钮，将打开"元件属性"对话框，然后在该对话框中修改元件的名称及类型即可。

4. 在"库"面板中删除元件

当对不需要的元件进行删除时，可通过以下几种方法来删除元件。

- 选中"库"面板中不需要的元件，单击面板下方的按钮即可将其删除。
- 选中"库"面板中不需要的元件，然后按 Delete 键即可将其删除。
- 选中"库"面板中不需要的元件，然后单击鼠标右键，在弹出的快捷菜单中选择"删除"命令。

6.3.3　公用库

在 Flash CS6 中为用户提供了许多已经制作的元件，以供大家使用，这就是 Flash 中所讲的公用库。在"窗口"菜单下选择"公用库"子菜单，即可看到 Flash CS6 提供的 3 种类型公用库。

如果选中的是一张位图，单击"属性"按钮则会弹出"位图属性"对话框，用户也可以对位图的属性进行修改。

"公用库"中的每一个类别的面板都是与"库"分开的，在 Flash CS6 提供的公用库中有很多实用的元件，用户应多花一些时间去浏览及操作这些元件，相信对大家的动画制作水平有很大提高。

下面以打开"按钮"类型为例来讲解公用库的基本操作，具体操作步骤如下。

❶ 选择"窗口"→"公用库"→"按钮"命令，如图 6-32 所示，弹出"库-Buttons.fla"面板，如图 6-33 所示。

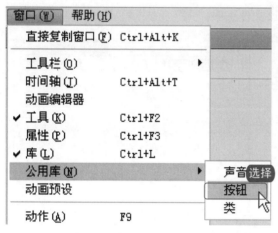

图 6-32 选择"按钮"命令　　　　图 6-33 "库-Buttons.fla"面板

❷ 在弹出的"库-Buttons.fla"面板中选择所需的按钮元件，如 6-34 所示，此后在预览窗口中会显示该元件。

❸ 将所需元件拖入到舞台场景中，如图 6-35 所示。

图 6-34 选择所需按钮　　　　图 6-35 将按钮拖入舞台

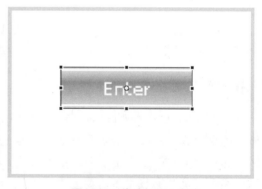

知识补充 ★

对于公用库中提供的某些元件，可能还需要修改一些代码及属性设置，从而使其符合用户的需求，而某些公用元件可直接使用。

Flash CS6 提供了 3 个公用库：声音、按钮和类，这 3 个是系统自带的公用库。在公用"库"面板中是不能添加新元件和文件夹的。

6.3.4　调用外部库中的元件

在 Flash CS6 中，有需要的情况下，可以调用外部库中的元件来使用。要调用外部库中的元件方法如下。

❶ 打开 Flash CS6，新建一个空白文档。

❷ 选择"文件"→"导入"→"打开外部库"命令(如图 6-36 所示)，弹出"作为库打开"对话框，如图 6-37 所示。

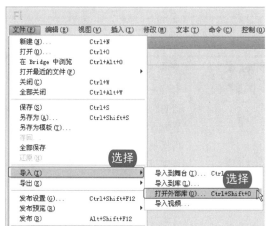

图 6-36　选择"打开外部库"命令

图 6-37　"作为库打开"对话框

❸ 选择文件"跳动的音符.fla"，单击"打开"按钮，弹出"库-跳动的音符.fla"面板，如图 6-38 所示。

❹ 在"库-跳动的音符.fla"面板中选择需要的元件，拖入到舞台中，如图 6-39 所示。

❺ 完成后，按 Ctrl+Enter 组合键测试影片。

图 6-38　"库-跳动的音符.fla"面板

图 6-39　把元件拖入到舞台

电脑小百科

调用的"外部库"各按钮以灰色显示，只有将其拖到正在编辑的 Flash 文件中才能进行修改。

6.4 应用实例：制作漂亮的卡通插画按钮

实例解析

按钮元件用于响应鼠标事件，按钮元件主要包括"弹起"、"指针经过"、"按下"和"点击"4种状态，在按钮元件不同状态上创建的内容也不同。

本实例主要制作一个简单的卡通插画按钮元件。要点包括按钮的绘制、图层的运用、元件的创建和导入等。

 书盘互动指导

⊙ 示例	⊙ 在光盘中的位置	⊙ 书盘互动情况
	6.4 应用实例：制作漂亮的卡通插画按钮	本节主要介绍以上述所学内容为基础的综合实例操作方法，在光盘 6.4 节中有相关操作的视频文件，以及原始素材文件和处理后的效果文件。大家可以选择在阅读本节内容后再学习光盘，以达到巩固和提升的效果，也可以对照光盘视频操作来学习本节内容，以便更直观地学习和理解。

按钮是 Flash 中常用的元件，利用按钮元件的功能，可以制作出许多精美实用的 Flash 动画。下面我们来制作一个卡通插画按钮，具体操作步骤如下。

❶ 新建一个空白文档。选择"文件"→"导入"→"导入到库"命令，在弹出的"导入到库"窗口中选择所要导入的图，单击"打开"按钮，将卡通插画导入到库中，如图 6-40、图 6-41 所示。

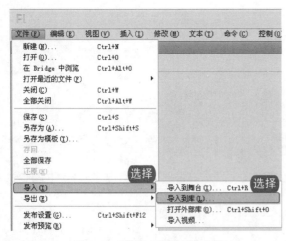

图 6-40 选择"导入到库"命令

图 6-41 选择文件

对于影片剪辑元件来说，可以在"高级"选区中设置影片的交互。

❷ 按 Ctrl+F8 组合键创建一个图形元件，进入该元件编辑窗口，单击"图层 1"，如图 6-42 所示，
选择"椭圆"工具，在舞台上绘制一个椭圆，如图 6-43 所示。

图 6-42 单击"图层 1"

图 6-43 绘制椭圆

❸ 使用"选择"工具选中该椭圆，打开颜色面板，选择"径向渐变"，单击左边的滑块，设置颜
色为#FF99FF，Alpha 值为 30，单击右边的滑块，设置颜色为#9900CC，Alpha 值为 70，如
图 6-44、图 6-45 所示。

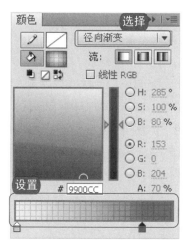

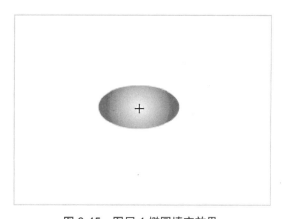

图 6-44 设置图层 1 椭圆"颜色"属性

图 6-45 图层 1 椭圆填充效果

❹ 在时间轴上单击 ⬜ 按钮，新建图层 2。绘制一个椭圆，略小于图层 1 的椭圆，选择该椭圆，
在颜色面板中选择"线性渐变"，单击左边的滑块，设置颜色为#9900CC，Alpha 值为 70，单
击右边的滑块，设置颜色为#FF99FF，Alpha 值为 30，如图 6-46、图 6-47 所示。

❺ 新建图层 3，绘制一个小椭圆作为按钮的高光部分，设置其颜色为白色，Alpha 值为 80，如
图 6-48 所示，设置好的效果如图 6-49 所示。

❻ 右键单击"库"面板中的图形元件，选择"复制"命令，如图 6-50 所示。在该元件上双击，
重命名为"弹起"，在"库"面板上单击右键，选择"粘贴"命令，双击该副本，重命名为
"指针经过"，如图 6-51 所示。

在绘制椭圆时，如果按住 Shift 键，则可以绘制出正圆。

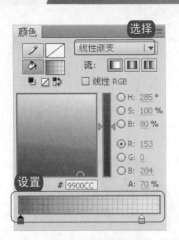

图 6-46　设置图层 2 椭圆 "颜色" 属性

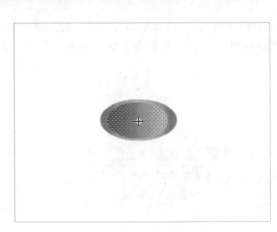

图 6-47　图层 2 椭圆填充效果

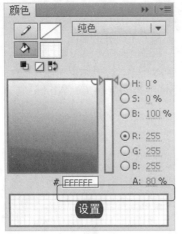

图 6-48　设置图层 3 椭圆 "颜色" 属性

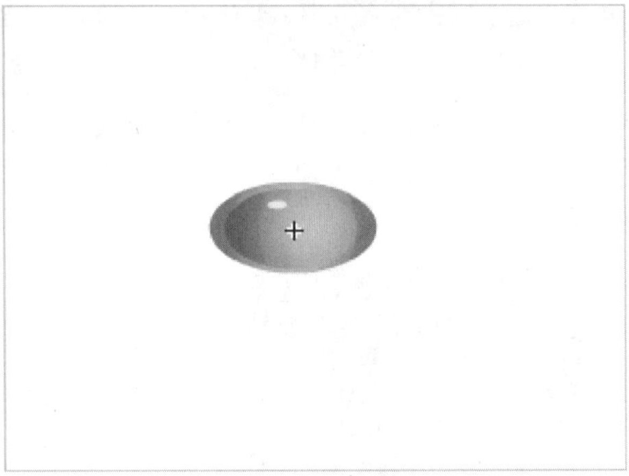

图 6-49　按钮效果

图 6-50　复制元件

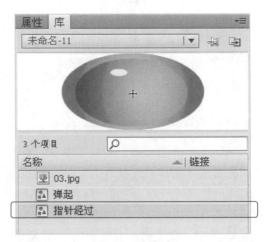

图 6-51　重命名

⑦ 双击 "指针经过" 图形元件，如图 6-52 所示，打开元件编辑窗口。选择图层 1 的椭圆，在颜色面板单击左边的滑块，设置颜色为#00CCFF，Alpha 值为 30，单击右边的滑块，设置颜色

用户在交换实例时，在选择要交换的元件时，其属性、帧等应与原实例大致相同，从而只需要作简单的修改即可使用。

为#0000CC，Alpha 值为 70。选择图层 2 的椭圆，在颜色面板中单击左边的滑块，设置颜色为#0000CC，Alpha 值为 70，单击右边的滑块，设置颜色为#00CCFF，Alpha 值为 30，如图 6-53 所示。

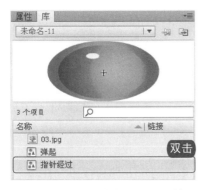

图 6-52　双击"指针经过"元件

图 6-53　"指针弹起"按钮

⑧ 新建一个按钮元件，命名为"卡通插画按钮"，如图 6-54 所示。双击该元件进入元件编辑窗口，单击"弹起"帧，将元件"弹起"拖入到舞台中央，元件的中心点与舞台注册点的十字重合，如图 6-55 所示。

图 6-54　新建"卡通插画按钮"元件

图 6-55　编辑按钮元件

⑨ 单击"指针经过"帧，选择"插入"→"时间轴"→"关键帧"命令，如图 6-56 所示，将舞台上的图形删除，然后将"指针经过"元件拖入到舞台中央。

⑩ 单击"按下"帧，插入关键帧，删除舞台上的内容，将库中的卡通插图拖入到舞台，调整大小，如图 6-57 所示。

图 6-56　插入关键帧

图 6-57　"按下"帧

电脑小百科

　　如果要创建文字类按钮，要在"按钮有效区"关键帧设置一个适当的图形，否则用户使用按钮时就会是"一闪一闪的"。

⓫ 单击"点击"帧，选择"插入"→"时间轴"→"帧"命令。

⓬ 单击舞台顶部"编辑栏"左侧的"返回"按钮 ⬅，返回到场景中。将"卡通插画按钮"元件拖入到场景舞台中，按 Ctrl+Enter 测试影片。

学 习 小 结

　　本章主要介绍了 Flash CS6 元件和库，包括元件的各种类型、元件的建立、元件的编辑、实例的操作、"库"面板的操作和公用库的使用等，从而使用户能够更加高效地制作各种动画。

　　在学习本章时，还应掌握元件实例的编辑与操作方法，以及公用库的进一步掌握，以便于对动画的进一步制作提供效率。

　　下面对本章的重点做个总结。

　　(1) 在 Flash CS6 中，元件有 3 种类型：图形元件、影片剪辑元件和按钮元件。

　　(2) 在 Flash CS6 中创建元件有两种方法：直接创建元件和转换为元件。

　　(3) 在 Flash CS6 中编辑元件的方法有三种：在当前位置编辑元件、在新窗口中编辑元件和在元件编辑模式下编辑。

　　(4) 将元件拖入到舞台，就成为一个具体的实例。在 Flash CS6 中可以复制实例，可以设置实例的颜色样式，更改实例的属性和类型，分离和交换实例等，所有操作只影响实例，不改变元件本身。

　　(5) "库"面板中存放各种类型的元件，可以将"库"中元件拖入到舞台进行操作。在"库"中对元件进行更改，将改变引用该元件的实例的属性。

互 动 练 习

1. 选择题

(1) 如将对象直接转换为元件，其快捷键是(　　　)。

　　A．F8　　　　　　　　　　　　　　B．Ctrl+F8

　　C．F6　　　　　　　　　　　　　　D．Shift+F8

(2) 在打开"库"面板时，其快捷键是(　　　)。

　　A．Ctrl+K　　　　　　　　　　　　B．Ctrl+L

　　C．Ctrl+R　　　　　　　　　　　　D．Ctrl+T

(3) 在 Flash CS6 中有 3 种元件类型，即影片剪辑元件、图形元件和(　　　)。

　　A．库元件　　　　　　　　　　　　B．按钮元件

　　C．实例元件　　　　　　　　　　　D．图片元件

2. 思考与上机题

(1) 简要叙述每种元件的创建方法。

(2) 怎样对创建的各种元件进行不同的编辑？

(3) 怎样使用 Flash CS6 提供的公用库元件？

用户如果不小心改变了按钮图形的位置，将会导致在鼠标滑过或单击时按钮发生抖动。

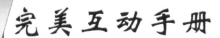

完美互动手册

第7章

外部资源的导入与应用

本章导读

在 Flash CS6 中，制作一个 Flash 影片，很多时候需要借助外部资源。为 Flash 影片中的动画添加生动的图片、声音或视频效果，除了可以使影片内容更加完整外，还有助于影片主题的表达，让自己的作品有声有色。

本章主要介绍 Flash CS6 中外部资源的导入和应用的相关知识及其基本操作，并以实例解析强化理论操作，帮助读者快速掌握如何在 Flash CS6 中导入与应用外部资源。

精彩看点

- 图像素材的导入和应用
- 声音素材的导入和应用
- 压缩声音
- 位图的转换
- 编辑声音
- 视频素材的导入和应用

7.1 图像素材的应用

在 Flash CS6 中，虽然 Flash CS6 自身提供了一些绘图与文字工具，但有时还需要导入其他的外部对象。制作 Flash 动画时，可从外部导入图像素材，通过图像素材的运用从而提高动画制作的速度和质量。

━━书盘互动指导━━

⊙ 示例	⊙ 在光盘中的位置	⊙ 书盘互动情况
	7.1 图像素材的应用 1. 图像素材的格式 2. 导入图像素材 3. 分离位图 4. 将位图转换为矢量图	本节主要带领大家全面学习图像素材的应用，在光盘 7.1 节中有相关内容的操作视频，并特别针对本节所学设置了具体的实例分析。 大家可以在阅读本节内容后再学习光盘，以达到巩固和提升的效果。

7.1.1 图像素材的格式

在 Flash CS6 中，可以导入的图片格式有 JPG、JPEG、GIF、BMP、WMF、EPS、DXF、EMF、PNG 等。通常情况下，推荐使用矢量图形，如 WMF、EPS 等格式的文件。

根据图像显示原理的不同，图像可以分为位图(见图 7-1)和矢量图(见图 7-2)。

图 7-1 位图

图 7-2 矢量图

7.1.2 导入图像素材

在制作 Flash 动画时，可从外部导入图形与图像，从而提高动画制作的速度和质量。向 Flash CS6 中导入图像的具体操作步骤如下。

在"位图属性"对话框中给出了位图文件所在的位置、日期、尺寸大小，以及压缩后的大小及百分比。

1 选择"文件"→"导入"→"导入到舞台"命令，如图 7-3 所示。

2 在打开的"导入"对话框的"文件类型"下拉列表框中选择"所有图像格式"，在"查找范围"下拉列表框中选择要导入的图像文件，单击"打开"按钮，完成导入，如图 7-4 所示。

图 7-3 选择"导入到舞台"命令

图 7-4 选择文件

知识补充

　　在执行"导入到舞台"命令时，可按 Ctrl+R 组合键进行操作。将图像文件导入到舞台的同时，也将自动导入到"库"面板中，且在"颜色"面板的"位图"模式下也可以看到所导入的图像文件。

7.1.3 分离位图

　　将位图添加到文档后，它是作为一个对象存在的，因此无法对其位图的局部进行编辑。若将其位图进行分离即可对其进行不同类型的颜色填充等。

1 视图中选择导入的位图，选择"修改"→"分离"命令，如图 7-5 所示。

2 在"工具箱"中选择"套索"工具，单击"魔术棒设置"按钮，在打开的"魔术棒设置"对话框中设置参数，单击"确定"按钮，如图 7-6 所示。

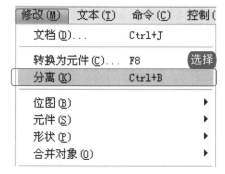

图 7-5 选择"分离"命令

图 7-6 设置魔术棒参数

3 单击"魔术棒"按钮，在分离的位图区域单击(见图 7-7)，设置填充颜色为#FFCCFF，此时所选择的区域将填充为粉红色，如图 7-8 所示。

　　用户可以按 Ctrl+B 组合键将图片分离。

图 7-7 选定区域 　　　　　　　　　　图 7-8 填充颜色

知识补充 ★

　　使用"魔术棒"工具进行区域选取时，将光标移至已分离的位图上，如果光标呈 形状，说明光标所在区域尚未被选取，此时单击可扩大选区；如果光标呈 形状，说明光标所在区域已经被选中，此时单击将取消已经制作的选区。

7.1.4 将位图转换为矢量图

　　由于位图所占空间较大，为了减小 Flash 文件的大小，常常需要将位图转换为矢量图，因此 Flash CS6 提供了可将位图转换为矢量图的方法。

❶ 使用选择工具选取所要操作的位图，选择"修改"→"位图"→"转换位图为矢量图"命令，如图 7-9 所示。

❷ 根据需要设置好各个选项后，单击"确定"按钮，如图 7-10 所示。

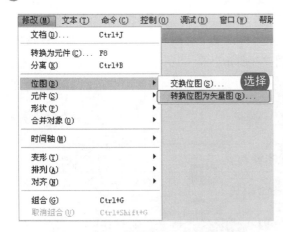

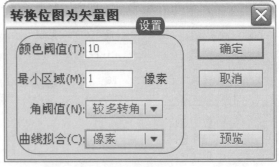

图 7-9 选择"转换位图为矢量图"命令 　　图 7-10 设置参数

老师的话

　　在将位图转换为矢量图后，有时会发现转换后的文件比源文件还要大，这是由于转换过程中产生的图形较多的缘故。转换为矢量图后的位图不受"库"面板的影响，并以色块的形式出现在舞台中。

　　在"魔术棒设置"对话框中通过"阈值"的设置可改变所选择的区域范围。

7.2 声音素材的应用

在 Flash CS6 中可以导入外部的声音素材作为动画的背景乐或音效。下面主要介绍声音素材的多种格式，以及导入声音和编辑声音的方法。读者通过学习要了解并掌握导入声音和编辑声音的方法，从而使制作的动画更加生动。

■■■书盘互动指导■■■

⊙	示例	⊙	在光盘中的位置	⊙	书盘互动情况
			7.2 声音素材的应用 　1. 导入声音素材 　2. 编辑声音 　3. 声音的压缩		本节图书主要带领大家全面学些声音素材的应用，在光盘 7.2 节中有相关内容的操作视频，并特别针对本节所学设置了具体的实例分析。 大家可以在阅读本节图书内容后再学习光盘，以达到巩固和提升的效果。

7.2.1 导入声音素材

Flash 动画中的声音，是通过导入外部的声音文件而得到的。它与导入位图的操作一样，选择"文件"→"导入"→"导入到库"命令或是按 Ctrl+R 组合键快速打开"导入"对话框，在该对话框中选择需要导入的音乐文件，单击"确定"按钮即可将声音文件导入到软件，具体操作步骤如下。

❶ 选择"文件"→"导入"→"导入到舞台"命令(见图 7-11)，在"导入"对话框中选择所要导入的声音文件，单击"打开"按钮，将声音文件导入到库面板中，如图 7-12 所示。

图 7-11 选择"导入到舞台"命令　　　　图 7-12 导入声音文件

在对位图执行"属性"命令时，可单击"库"面板下方的 ❶ 按钮。

② 在"库"面板中选中声音文件，按住鼠标不放，将其拖曳到舞台窗口中，释放鼠标，声音添加完成，如图 7-13 所示。

③ 按 Ctrl+Enter 组合键，测试添加效果，如图 7-14 所示。

图 7-13　将声音文件拖到舞台

图 7-14　"声音"图层

导入的声音文件作为一个独立的元件存在于"库"面板中，单击"库"面板预览窗格右上角的播放按钮 ▶，可以对其进行播放预览。

单击"库"面板下方的"属性"按钮 ⓘ，可以打开"声音属性"对话框，查看声音文件的属性。

- 更新：按下该铵钮，可以对声音的原始文件进行连接更新。
- 导入：按下该按钮，可以在该帧导入新的声音内容。新的声音将在库面板中使用原来的名称并对其进行覆盖。
- 测试：按下该按钮，可以对目前的声音元件进行播放预览。
- 停止：按下该按钮，停止对声音的播放预览。
- 压缩：在该下拉菜单中，可为目前选择的声音文件的输出压缩方式进行独立的设置。

7.2.2　编辑声音

导入到 Flash 动画中的声音，通常都是已经确定好音效的文件。在实际的影片编辑中，经常需要对使用的声音进行播放期间和声音效果的编辑，例如为声音设置左声道的效果，单击时间轴上已经添加了声音的关键帧，按 Ctrl+F3 组合键打开"属性"面板，如图 7-15 所示。

图 7-15　帧"属性"面板

用户也可以使用动作脚本的方法来动态地载入声音文件。

1. 声音的同步方式

通过"属性"面板的同步选项，可以为所选关键帧中的声音进行同步播放设置，对声音进行播放控制，如图 7-16 所示。在"同步"下拉列表框中可以设置声音与动画的配合方式，其中有事件、开始、停止和数据流 4 个选项，如图 7-17 所示。

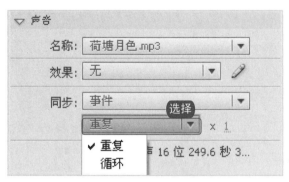

图 7-16　声音的循环

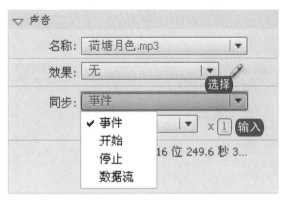

图 7-17　声音的同步方式

- 事件：在声音所在的关键帧开始显示时播放，并独立于时间轴中帧的播放状态，即使影片停止也将继续播放，直至整个声音播放完毕。
- 开始：和"事件"相似，只是如果目前的声音还没有播放完，即使时间轴中已经经过了有声音的其他关键帧，也不会播放新的声音内容。
- 停止：时间轴播放到该帧后，停止该关键帧中指定的声音，通常在设置有播放跳转的互动影片中才使用。
- 数据流：选择这种播放同步方式后，Flash 将强制动画与音频流的播放同步。如果 Flash Player 不能足够快地绘制影片中的帧内容，便会跳过阻塞的帧，而声音的播放则继续进行，并随着影片的停止而停止。

2. 声音的输出

在 Flash CS6 中，要输出声音可以在"发布设置"中进行设置，具体操作步骤如下。

1 选择"文件"→"发布设置"命令，弹出"发布设置"对话框。
2 在 Flash 文件右侧单击"选择发布目标"按钮，打开"选择发布目标"对话框，如图 7-18 所示。
3 切换到 Flash 选项卡，在其中进行相关设置后，单击"发布"按钮，如图 7-19 所示。

3. 声音的重复、循环

如果要使声音在影片中重复播放，可以在"属性"面板的"声音循环"下拉列表框中对关键帧上的声音进行设置。

在"声音循环"下拉列表框中，可以设置声音重复和循环。选择"重复"，在"重复"后面的"循环次数"文本框中可以输入数值，来设定声音的重复次数；选择循环，声音将无限循环。

如果使用"数据流"的方式对关键帧中的声音进行同步设置，则不宜为声音设置重复或循环播放。

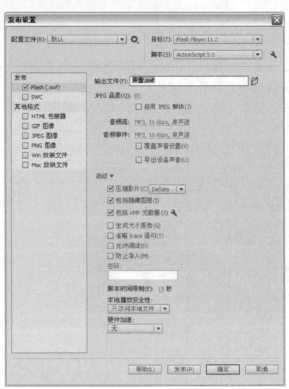

图 7-18 "选择发布目标"对话框　　　　图 7-19 "发布设置"对话框

7.2.3 声音的压缩

在 Flash 中，从外部导入的声音文件通常体积都比较大，为了缩小影片体积，可以对声音文件进行压缩，具体操作步骤如下。

按 Ctrl+L 组合键打开"库"面板，选中要压缩的声音文件，单击"属性"按钮 ，打开"声音属性"对话框，如图 7-20 所示。

图 7-20 "声音属性"对话框

在"压缩"下拉列表框中可以选择多种压缩方式。

音频流在被重复播放时，会在时间轴中添加同步播放的帧，文件的大小就会随声音重复播放的次数而增加。

- ADPCM：用于设置 8 位或 16 位声音数据的压缩方式。选择该选项后，"预处理"选中 "将立体声转换为单声道"复选框后，会将立体声变为单声道；在"采样率"和"ADPCM 位"下拉列表框中可以设置声音文件的质量。ADPCM 压缩方式可以对声音进行 5KHz、 11KHz、22KHz 及 44KHz 等音频压缩，该方式通常用于对按钮中声音的压缩，如图 7-21 所示。

- MP3：选择此项后，可以用 MP3 格式来导出声音。Flash CS6 默认使用 MP3 文件本身 的品质。如果需要改变压缩品质就需要取消选中"使用导入的 MP3 品质"复选框，然 后在下面的"比特率"和"品质"下拉列表框中进行设置，如图 7-22 所示。

图 7-21　ADPCM 压缩方式

图 7-22　MP3 压缩方式

- 原始：选择"原始"压缩选项后，Flash CS6 在导出声音时不会对声音进行压缩。"原始" 选项可以在保留声音元件全部属性的基础上，进行立体声和单声、采样率的压缩选择 等效果处理，如图 7-23 所示。

- 语音：选择此选项后，Flash 将会使用一个适合于语音的压缩方式导出声音。"语音"压 缩与"原始"压缩相似，常用于对录制语言的压缩，如图 7-24 所示。

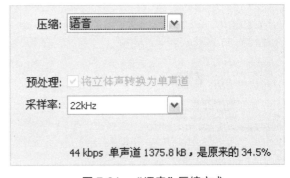

图 7-23　"原始"压缩方式

图 7-24　"语音"压缩方式

7.3　视频素材的应用

在 Flash CS6 中，用户可导入视频剪辑到动画中，此时所选视频文件将成为动画文档的元件， 而插入到文档中的内容则成为了该元件的实例。

当选择任意导入项后，将打开"导入"对话框，在"文件类型"下拉列表框中 即可看到导入的文件类型。

==书盘互动指导==

⊙ 示例	⊙ 在光盘中的位置	⊙ 书盘互动情况
	7.3 视频素材的应用 　1. 导入视频素材 　2. 设置视频的属性	本节主要带领大家全面学习视频素材的应用，在光盘 7.3 节中有相关内容的操作视频，并特别针对本节所学设置了具体的实例分析。大家可以在阅读本节内容后再学习光盘，以达到巩固和提升的效果。

7.3.1　导入视频素材

Flash CS6 仅可以播放特定视频格式，这些视频格式包括 FLV、F4V 和 MPEG 视频。要导入视频需要先安装 QuickTime 4.5 或更高版本。

1. 使用回放组件加载视频

使用回放(FLVPlayback)组件导入外部视频，可以轻松地为用户创建直观的用于控制视频回放的视频控件，还可以应用预制的外观或将自定义外观应用到视频界面中。使用回放组件导入视频的具体操作步骤如下。

❶ 选择"文件"→"导入"→"导入视频"命令，打开"导入视频"对话框，如图 7-25 所示。

❷ 单击"浏览"按钮，弹出"打开"对话框，选择要导入的视频文件，单击"打开"按钮，如图 7-26 所示。

图 7-25　"导入视频"对话框

图 7-26　选择视频文件

❸ 返回"选择视频"界面，选中"使用回放组件加载外部视频"单选按钮，如图 7-27 所示。

❹ 单击"下一步"按钮，进入"外观"界面，在"外观"下拉列表框中选择一个播放控件外观。这里只导入视频，选择"无"选项，如图 7-28 所示。

电脑小百科

如果用户需要将所导入的视频文件保存在 Web 服务器上，应选中"已经部署到 Web 服务器……"单选按钮，然后在其 URL 地址栏中输入网址。

图 7-27　使用回放组件加载外部视频

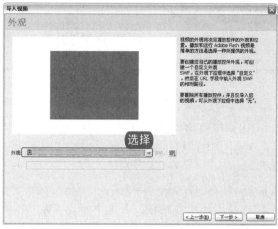

图 7-28　"外观"界面

⑤ 单击"下一步"按钮，进入"完成视频导入"界面，该界面提示导入视频的设置信息，如图 7-29 所示。

⑥ 单击"完成"按钮，开始将视频导入到舞台，如图 7-30 所示。

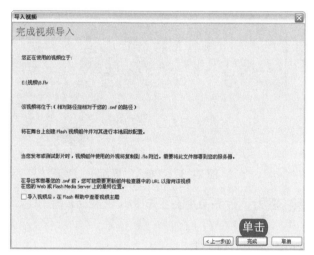

图 7-29　"完成视频导入"界面

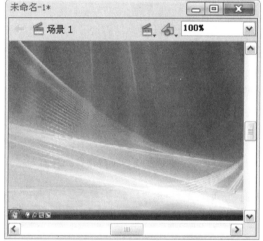

图 7-30　将视频导入舞台

⑦ 在"库"面板中也会显示视频所在的回放组件 FLVPlayback，如图 7-31 所示。

图 7-31　"库"面板中显示视频回放组件

通过"开始导入点"和"停止导入点"的拖动，可将指定的视频段进行导入。

如果视频不是 FLV、F4V 和 MPEG 格式，例如 AVI 格式的，就会弹出"不支持所选文件"的提示信息，用户可以启动 Adobe Media Encoder 将其转换成支持的格式。

2. 使用嵌入方式播放视频

用户可以将视频剪辑作为嵌入文件导入到 Flash。嵌入的视频文件将会成为 Flash 文档的一部分。因此，用户只能导入持续时间较短且无音频的 FLV 视频剪辑。使用嵌入式导入视频的具体操作步骤如下。

❶ 选择"文件"→"导入"→"导入视频"命令，打开"导入视频"对话框。

❷ 选择文件所在路径，并选中"在 SWF 中嵌入 FLV 并在时间轴中播放"单选按钮，如图 7-32 所示。

❸ 单击"下一步"按钮，在进入的"嵌入"界面中选择符号类型，如图 7-33 所示。

图 7-32　"选择视频"界面

图 7-33　"嵌入"界面

❹ 单击"下一步"按钮，进入"完成视频导入"界面，该界面中会显示导入视频的设置信息，如图 7-34 所示。

❺ 导入视频后，时间轴将会延长以适应回放长度，如图 7-35 所示。

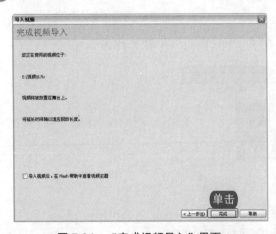

图 7-34　"完成视频导入"界面

图 7-35　视频在时间轴上的显示

如果视频需要播放控件，则可以再"外观"下拉列表框中选择其中一个选项，如果不需要，而只是导入该视频，则可以直接选择"无"选项。

⑥ 在"库"面板中也会显示嵌入的视频(以图标 表示),如图 7-36 所示。

图 7-36　视频显示在"库"面板中

知识补充 ★

　　符号类型可以是嵌入的视频,可以是影片剪辑,也可以是图形。除了上述视频导入方法外,用户也可以使用 ActionScript 脚本控制外部视频。

7.3.2　设置视频的属性

完成视频的导入,用户可以设置视频的属性,具体操作步骤如下。

① 按 Ctrl+L 组合键打开"库"面板。

② 双击视频元件图标 ,或选中该视频元件,单击"属性"按钮 ,打开"视频属性"对话框,如图 7-37 所示。

　　● 单击"导入"按钮,会弹出"打开"对话框,利用该对话框,可以导入 FLV 格式的 Flash 视频文件。

　　● 单击"导出"按钮,会弹出"导出 FLV"对话框,利用该对话框可以将"库"面板中选中的视频导出为 FLV 格式的 Flash 视频文件,如图 7-38 所示。

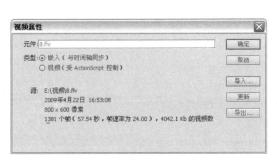

图 7-37　"视频属性"对话框

图 7-38　"导出 FLV"对话框

电脑小百科

导入到舞台的视频,在时间轴上只显示 1 帧,但不影响其播放速度。

7.4 应用实例：制作生日贺卡

实例解析

电子贺卡的诞生为人们的生活带来新的方式和惊喜。它的流行不仅仅因为其内容精彩、极富动感，更重要的在于其使用方便、环保、快捷。Flash 的出现将电子贺卡的优点发挥到了极致。

本实例通过"生日贺卡"的制作方法，将图形的绘制、文本工具的使用、元件的创建、"库"面板和"属性"面板的使用、音频的插入以及封套的编辑结合在一起，融会贯通，使读者既熟悉了外部素材的导入和编辑，又达到温故而知新的效果。

■■书盘互动指导■■

⊙ 示例	⊙ 在光盘中的位置	⊙ 书盘互动情况
	7.4 应用实例：制作生日贺卡 1. 创建蛋糕元件 2. 创建火柴元件 3. 创建文字元件	本节主要介绍以上述所学为基础的综合实例操作方法，在光盘 7.4 节中有相关操作的步骤视频文件，以及原始素材文件和处理后的效果文件。大家可以选择在阅读本节内容后再学习光盘，以达到巩固和提升的效果，也可以对照光盘视频操作来学习图书内容，以便更直观地学习和理解本节内容。

外部素材尤其是声音素材的使用使 Flash 动画更为生动活泼，增加了 Flash 动画的可欣赏性。下面以调整折线图为例介绍具体的操作方法。

跟着做 1 创建蛋糕元件

制作生日贺卡需要创建多个元件，创建蛋糕元件的具体操作步骤如下。

❶ 启动 Flash CS6，新建一个空白文档，将其命名为"生日快乐"，选择"文件"→"导入"→"导入到库"命令，导入所需文件，如图 7-39、图 7-40 所示。

图 7-39 导入所需文件

图 7-40 导入的素材显示在"库"面板中

此外，用户也可以使用 ActionScript 脚本控制外部视频。

② 选择"插入"→"新建元件"命令，新建一个名为"蛋糕"的图形元件，如图 7-41 所示。按
Ctrl+L 组合键打开"库"面板，将蛋糕图片拖动到编辑场景中，如图 7-42 所示。

图 7-41 新建"蛋糕"元件

图 7-42 将"蛋糕"图片拖入舞台

③ 选择"插入"→"新建元件"命令，新建一个名为"火焰"的影片剪辑元件。选择"钢笔"
工具 ，在编辑舞台中绘制火焰图形，如图 7-43 所示。选择"渐变变形"工具按钮 ，调
整填充的颜色，如图 7-44 所示。

图 7-43 绘制"火焰"

图 7-44 调整填充颜色

④ 选择"选择"工具按钮 ，选中图形的黑色边框，按 Delete 键将其删除，如图 7-45 所示。
分别在第 2、3、4 帧中插入关键帧，如图 7-46 所示。

图 7-45 删除"火焰"边框

图 7-46 插入关键帧

⑤ 单击第 2 帧，选中该图形。选择"任意变形"工具 ，修改中心点，如图 7-47 所示。然后
按 Alt 键，将火焰图形适当放大。单击第 4 帧，选中该图形，选择"选择"工具 ，将其变
形，如图 7-48 所示。

如果要在 Flash 中插入音频文件，应该使用尽可能小的音乐文件。

图 7-47 修改中心点

图 7-48 将火焰变形

跟着做 2 ☞ 创建火柴元件

完成蛋糕的制作以后，开始创建火柴元件，具体操作步骤如下。

❶ 选择"插入"→"新建元件"命令，新建一个名为"火柴棍"的图形元件，如图 7-49 所示。选择"矩形"工具 ，设置其属性，然后在编辑窗口中绘制矩形，如图 7-50 所示。

图 7-49 创建"火柴棍"元件

图 7-50 绘制"火柴棍"

❷ 选择"选择"工具按钮 ，选中图形的黑色边框，按 Delete 键将其删除，如图 7-51 所示。选择"插入"→"新建元件"命令，新建一个名为"火柴"的影片剪辑元件，如图 7-52 所示。

图 7-51 删除"火柴棍"边框

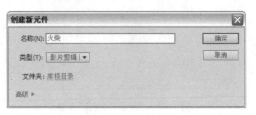

图 7-52 新建"火柴"元件

❸ 按 Ctrl+L 组合键打开"库"面板，将火柴棍元件和火柴元件拖入编辑窗口内，并调整其位置，如图 7-53 所示。

用户在制作移动动画的时候要注意的是，位图是不可以制作移动动画的。

图 7-53 "火柴"元件编辑窗口

跟着做 3 创建文字元件

生日蛋糕已经制作完毕，下面要创建文字，创建文字元件的具体操作步骤如下。

❶ 选择"插入"→"新建元件"命令，新建一个名为"生日快乐"的影片剪辑元件，如图 7-54 所示。双击图层 1，将"图层 1"更名为"文字"，如图 7-55 所示。

图 7-54 新建"生日快乐"元件

图 7-55 重命名图层

❷ 单击该图层的第 1 帧，选择"文本"工具 T，设置其属性。在第 1 帧中输入文本，按两次 Ctrl+B 组合键，将文本打散，如图 7-56 所示。

❸ 单击时间轴上的"新建图层"按钮，新建图层 2。双击该图层，将"图层 2"更名为"文字 遮罩"，如图 7-57 所示。

图 7-56 输入并打散文本

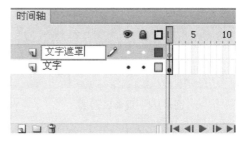

图 7-57 新建图层

❹ 按 Ctrl+L 组合键打开"库"面板，将背景图片拖入窗口内。选择"任意变形"工具，调 整图片大小，以完全盖住文本为宜。

❺ 右击该图层的第 10 帧，选择"插入关键帧"命令；右击"文字"图层的第 10 帧，选择"插 入帧"命令，如图 7-58 所示。在"文字遮罩"图层的第 1～10 帧之间创建传统补间，如 图 7-59 所示。

对图片进行缩放可直接使用 Ctrl+Alt+S 组合键。

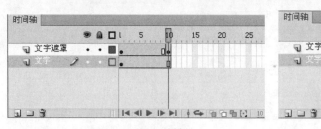
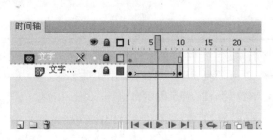

图 7-58　插入关键帧

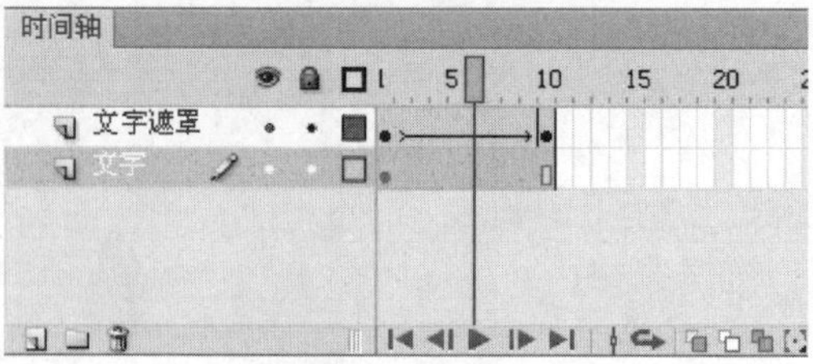

图 7-59　创建补间

⑥ 将 "文字遮罩" 图层拖到 "文字" 图层下，并设置 "文字" 图层为遮罩层，如图 7-60、图 7-61
　　所示。

图 7-60　设置遮罩层

图 7-61　遮罩效果

跟着做 4 ☞ 创建蛋糕特效

　　元件创建完成后，接下来可以创建蛋糕特效了，具体操作步骤如下。

① 按 Ctrl+E 组合键，返回主场景。双击图层 1，将 "图层 1" 更名为 "背景"，如图 7-62 所示。

② 按 Ctrl+L 组合键打开 "库" 面板，将背景图片拖动到编辑场景中并调整其大小位置，使之与
　　舞台重合。

③ 右击 "背景" 图层的第 50 帧，选择 "插入帧" 命令，插入一个普通帧。

④ 单击时间轴上的 "新建图层" 按钮 ，新建 "蛋糕" 图层，如图 7-63 所示。

图 7-62　重命名图层

图 7-63　新建 "蛋糕" 图层

⑤ 单击 "蛋糕" 图的第 1 帧，按 Ctrl+L 组合键打开 "库" 面板，将蛋糕元件拖动到编辑场景中，
　　调整其位置，如图 7-64 所示。

⑥ 右击第 15 帧，选择 "插入关键帧" 命令，并调整 "蛋糕" 元件的位置。在第 1 帧和 15 帧之
　　间，创建补间动画，如图 7-65 所示。

⑦ 单击时间轴上的 "新建图层" 按钮 ，新建图层 3。双击该图层，将 "图层 3" 更名为 "火柴"。
　　右击该图层的第 15 帧，插入一个空白关键帧。

　　如果用户导入到 Flash 中 avi 视频的帧频与 Flash 的不同步，是不能够正常播
放的。

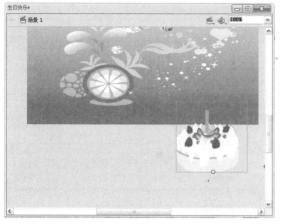

图 7-64　将"蛋糕"元件拖入舞台

图 7-65　调整元件的位置

8 在按 Ctrl+L 组合键打开"库"面板，将火柴元件拖入窗口中，如图 7-66 所示。分别在第 30 帧和第 45 帧中插入关键帧，单击第 30 帧与第 45 帧，调整火柴的位置，如图 7-67 所示。

图 7-66　将"火柴"元件拖入舞台

图 7-67　调整"火柴"元件的位置

跟着做 5　制作蜡烛动画

制作蜡烛动画的具体操作步骤如下。

1 单击时间轴上的"新建图层"按钮，新建图层 4。双击该图层，将"图层 4"更名为"火焰"，隐藏"火柴"图层。右击该图层的第 30 帧，插入空白关键帧。

2 按 Ctrl+L 组合键打开"库"面板，将火焰元件拖入窗口中，并调整火焰的位置，如图 7-68 所示。

3 单击时间轴上的"新建图层"按钮，新建一个图层 5。双击该图层，将"图层 5"更名为"文字"，如图 7-69 所示。

4 右击该图层的第 45 帧，选择"插入空白关键帧"命令。单击该帧，按 Ctrl+L 组合键打开"库"面板，将"生日快乐"元件拖入窗口中，如图 7-70 所示。

电脑小百科

声音文件格式的选用应该遵循 Mid、MP3、Wav 的顺序。

图 7-68　调整火焰位置

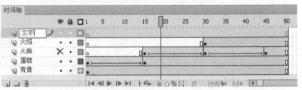

图 7-69　新建"文字"图层

图 7-70　将"生日快乐"元件拖入舞台

跟着做 6　添加音乐文件

　　动画制作完成后，为生日贺卡添加一段声音，具体操作步骤如下。

❶ 单击时间轴上的"新建图层"按钮，新建"音乐"图层，如图 7-71 所示。

❷ 选中该图层，按 Ctrl+F3 组合键打开"属性"面板，进行如图 7-72 所示的设置。

图 7-71　新建"音乐"图层

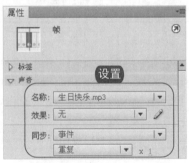

图 7-72　设置"音乐"属性

❸ 在"属性"面板中单击"编辑声音封套"按钮，弹出"编辑封套"对话框，单击 4 次"缩小"按钮。

使用的位图文件最好是静态对象。

④ 在音频时间轴上拖动起点游标使其到 10 的位置, 如图 7-73 所示。用鼠标拖动控制柄上的小滑块调整声音的播放范围, 这里添加了三个控制柄, 如图 7-74 所示。

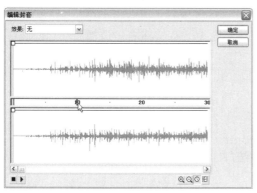
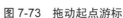

图 7-73 拖动起点游标

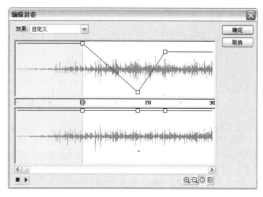

图 7-74 添加控制柄

⑤ 完成后, 单击 "确定" 按钮。按 Ctrl+Enter 组合键即可看到动画效果。

知识补充 ★

　　把起点游标拖到 10 的位置, 是表示声音从第 10 秒开始播放。为音频添加控制点后, "效果" 下拉列表框为 "自定义" 选项。

学 习 小 结

　　本章主要介绍了 Flash CS6 中外部资源的导入和编辑方法。在 Flash CS6 中, 可以导入图像、声音、视频素材。为 Flash 文档添加外部资源, 有助于更快速高效地制作 Flash 动画, 使其更为丰富生动。

　　下面对本章的重点做个总结。

　　(1) 在 Flash CS6 中, 可导入的外部资源有图像、声音、视频素材。

　　(2) 被导入的素材自动保存到 "库" 面板中。

　　(3) 图像分为位图和矢量图两种, 位图可以转换为图形和矢量图。

　　(4) 选择库中的图像、声音、视频素材, 在 "属性" 面板中即可显示其属性及选项, 可对其属性进行修改操作。

　　(5) 对于声音而言, 需要理解事件声音和数据流的区别, 以及分别使用的情况; 而对于视频而言, 则需要掌握导入以及播放视频的方法。

互 动 练 习

1. 选择题

(1) 将位图转换为图形的快捷键是(　　)。

　　A. Ctrl+E　　　　　　　　　　　　　　B. Ctrl+F8

　　C. Ctrl+B　　　　　　　　　　　　　　D. Ctrl+F

　　用户如果在 Flash 中插入了音效, 在测试的时候能听到声音, 但是再打开时却听不到了, 那最有可能的原因就是源文件破损。

(2) 以下( )格式的文件不属于声音文件。

  A. WMV   B. MP3

  C. MPEG   D. WMA

(3) 在 Flash CS6 中对声音文件进行编辑时,想让某段声音持续在右声道播放,应选择( )效果选项。

  A. 淡入   B. 右声道

  C. 自定义   D. 向右淡出

2. 思考与上机题

(1) 简要叙述声音、图像、视频素材的导入方法。

(2) 怎样对创建的各种元件进行不同的编辑?

(3) 制作一个声音按钮,单击鼠标开始播放音乐,具体要求如下。

制作要求:

① 要求使用"椭圆"工具、"选择工具"、"修改"→"合并对象"→"打孔"选项。

② 制作完成后,将该文件以 XX 为文件名保存到 D 盘。

导入 Flash 的音频最好是 MP3 格式的,这样可以节省空间,也很少会出现无法导入的情况。

完美互动手册

第8章

Flash 基本动画制作

本章导读

　　Flash 动画像平时看到的广告片段一样，可以通过文字、图片、录像和声音等综合手段形象地体现一个意图。一般利用它来制作公司形象、产品宣传等，可以达到非常好的效果。它是一种矢量动画格式，具有体积小、兼容性好、互动性强等诸多优点，是当今最流行的 Web 页面动画格式。

　　本章主要介绍 Flash 中帧和基本动画制作的相关知识及其基本操作，并通过实战的应用分析巩固和强化理论操作，帮助读者快速掌握 Flash 基本动画的制作。

精
彩
看
点

- ◉ 帧的类型
- ◉ 逐帧动画
- ◉ 应用形状提示

- ◉ 时间轴面板
- ◉ 简单形状补间动画
- ◉ 动作补间动画

8.1　帧与时间轴

Flash 中的帧是影像动画中的最小单位单幅影像的画面，相当于电影胶片上的每一个镜头，通过对帧的移动、删除、建立和翻转等，即可制作形式多样的动画。帧存在于"时间轴"面板中，以列观察。

■■书盘互动指导■■

⊙　示例	⊙　在光盘中的位置	⊙　书盘互动情况
	8.1　帧与时间轴 　　1. 帧的类型 　　2. 帧的基本操作 　　3. 设置时间轴模式 　　4. 绘图纸(洋葱皮)功能	本节书主要带领大家全面学习帧与时间轴，在光盘 8.1 节中有相关内容的操作视频，并特别针对本节内容设置了具体的实例分析。 大家可以在阅读本节内容后再学习光盘，以达到巩固和提升的效果。

8.1.1　帧的类型

在 Flash CS6 中为用户提供了 3 种帧类型，即普通帧、关键帧和空白关键帧，如图 8-1 所示。

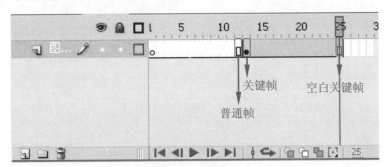

图 8-1　帧的类型

- 普通帧：普通帧在时间轴上显示为一个个的单元格，无内容的帧是空白单元格，有内容的帧将显示出一定的颜色。在 Flash CS6 中，关键帧后面的普通帧将继承该关键帧的内容。
- 关键帧：Flash CS6 中关键帧是以实心小圆点显示在时间轴上，主要作用是定义动画的变化环节。在 Flash 中，补间动画在动画的重要点上创建关键帧，再由 Flash 自身创建关键帧之间的内容。
- 空白关键帧：在 Flash CS6 中，打开新的文档后，时间轴中默认的第一帧就是空白关键帧。在空白关键帧中不包括任何对象，在时间轴中显示为一空心小圆点。

此外，在时间轴的最下面一行中有些帧控制按钮和信息栏，具体作用如下。

在创建脚本程序时会出现动作帧或，该帧本身也是一个关键帧，其中有一个字母"a"，表示在这一帧中分配有动作脚本。

- "帧居中"按钮：用来改变帧控制区的显示范围。在动画所用的帧数较多时，单击该按钮，即可将当前帧(播放指针所在的帧)显示到帧控制区窗口中间。
- "绘图纸外观"按钮：单击该按钮即可在时间轴上显示出一个多帧选择区域，并将该区域内的所有帧所对应的对象同时显示在舞台上。
- "绘图纸外观轮廓"按钮：单击该按钮即可在时间轴上制作多帧选择区域，除当前帧外，其余帧中的对象仅显示其轮廓线，实现多帧同时显示。
- "编辑多个帧"按钮：单击该按钮即可在时间轴上制作多帧选择区域，该区域内关键帧内的对象均显示在舞台工作区中，可以同时编辑它们。
- "修改绘图纸标记"按钮：显示一个"多帧显示"菜单。利用该菜单可以定义多帧选择区域的范围，也可以定义显示 2 个帧、5 个帧或全部帧的内容。
- 信息栏：信息栏从左到右，分别用来显示当前帧、帧频(即动画播放速率)和运动时间。

知识补充

在 Flash CS6 中，帧和关键帧在时间轴中的顺序决定了它们在动画中显示的顺序。

8.1.2 帧的基本操作

在 Flash CS6 中，对帧的操作主要包括以下几种。

1. 插入帧

在 Flash CS6 中，动画是由帧建立的，虽然帧的类型和作用各不相同，但其基本操作相类似。下面介绍如何在时间轴中插入帧。

- 插入关键帧：用鼠标单击时间轴"图层 1"上所要插入的帧，选择"插入"→"时间轴"→"关键帧"命令即可插入关键帧，如图 8-2 所示。
- 插入普通帧：用鼠标单击时间轴"图层 1"上要插入的帧，选择"插入"→"时间轴"→"帧"命令即可插入普通帧，如图 8-3 所示。
- 插入空白关键帧：用鼠标单击时间轴"图层 1"上要插入的帧，选择"插入"→"时间轴"→"空白关键帧"命令即可插入空白关键帧。

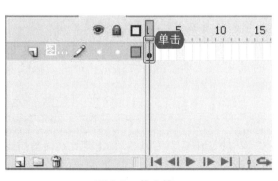

图 8-2 单击帧

图 8-3 "插入帧"命令

按 F5 键同样也能插入普通帧，按 F6 键是插入关键帧，按 F7 键则是插入空白关键帧。

知识补充 ★

在 Flash CS6 中，在时间轴中插入帧的另一种方法，是在要插入的那一帧上单击鼠标右键，在弹出的快捷菜单中选择相应命令即可。

2. 选择帧

在 Flash CS6 中，不仅可以选中单个帧，还可以选中多个帧。

- 选择单个帧：打开 Flash 文档。用鼠标左键单击时间轴上某一帧即可。在时间轴上选中了某一帧的同时，也选中了该帧所对应的舞台中的所有对象。
- 选择多个帧：单击第 1 帧并按住 Shift 键不放，再单击最后一帧即可将其选中。在 Flash 中选中多个帧还有一种方法是直接在第 1 帧上按住鼠标左键并拖动，到达最后一帧的时候释放左键，但切记使用这种方法不能选中第 1 帧，然后再按下左键拖动，否则就会移动第 1 帧。如图 8-4 所示。
- 选择所有帧：在图层中选择任意一帧。单击鼠标右键。在弹出的快捷菜单中选择"选择所有帧"命令。要选中所有帧，也可直接单击该图层即可，如图 8-5 所示。

图 8-4 选择多个帧

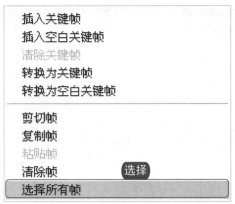

图 8-5 选择所有帧

3. 复制和粘贴帧

在动画制作过程中，复制和粘贴帧经常用到，在图层中选中需要复制的帧，然后单击鼠标右键，在弹出的快捷菜单中选择"复制帧"命令即可将该帧复制到剪贴板中。

- 复制帧：在 Flash 文档中选择要复制的帧，单击鼠标右键，在弹出的快捷菜单中选择"复制帧"命令，如图 8-6 所示。
- 粘贴帧：新建"图层 2"，在"图层 2"的第 1 帧上单击鼠标右键。在弹出的快捷菜单中选择"粘贴帧"命令，如图 8-7 所示。

知识补充 ★

在 Flash CS6 中，要对帧进行复制粘贴操作，也可以按 Ctrl+C 和 Ctrl+V 组合键对选择的帧进行复制和粘贴操作。

在 Flash 中选中多个帧还有一种方法是：直接在某一帧上按下鼠标左键并拖动，到达另一帧的时候松开鼠标即可。

图 8-6　复制帧

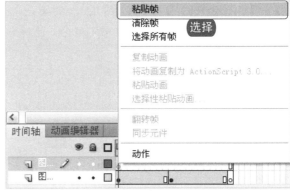

图 8-7　粘贴帧

4. 删除帧

选中要删除的一个帧或者多个帧，在该帧或者帧列上单击鼠标右键，在弹出的快捷菜单中选择"删除帧"命令即可。当一个帧被删除后，后面的帧将自动向前移动，如图 8-8 所示。

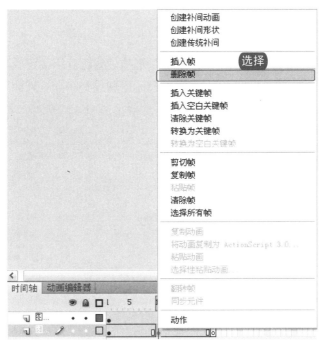

图 8-8　删除帧

5. 清除帧

在动画制作过程中，如果不需要某些帧和关键帧，可以将这些帧清除掉，其方法是在图层中选中需要清除的帧，然后单击鼠标右键，在弹出的快捷菜单中选择相应命令即可。

- 清除帧：选中"图层 1"的第 10 帧。用鼠标右键单击该帧。在弹出的快捷菜单中选择"清楚帧"命令。清除帧后，该帧就会自动变为空白关键帧，如图 8-9 所示。

在 Flash 中，帧和关键帧在时间轴中的顺序决定了它们在动画中显示的顺序。

● 清除关键帧：选中"图层 1"的某一个关键帧。用鼠标右键单击该帧。在弹出的快捷菜单中选择"清除关键帧"命令。清除该关键帧后，该关键帧将变为普通帧，如图 8-10 所示。

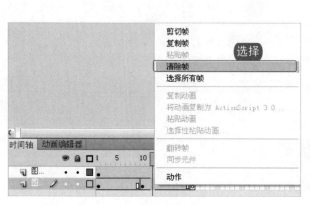

图 8-9　清除帧　　　　　　　　　　　图 8-10　清除关键帧

6. 移动帧

在图层中选中一帧或者多帧，按住鼠标左键并拖动，到达目标位置后释放鼠标即可。当对帧进行移动时，如果中间隔有空白帧，则自动将这些空白帧进行填充，如图 8-11、图 8-12 所示。

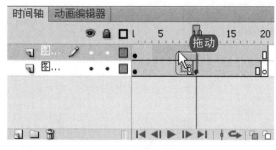
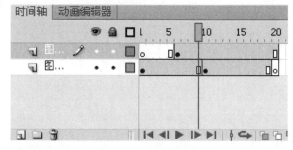

图 8-11　拖动鼠标　　　　　　　　　　图 8-12　释放鼠标

7. 翻转帧

在图层中选中所有的帧，并单击鼠标右键，在弹出的快捷菜单中选择"翻转帧"命令即可。利用翻转帧可使连续的关键帧序列进行逆顺序排列，使影片倒着播放，如图 8-13、图 8-14 所示。

8. 设定帧频

在 Flash CS6 中动画的播放速度取决于帧频的设置值。帧频决定了动画播放的连贯性和流畅性，设定帧频可以对动画的播放速度进行设定，设定的帧频越大，动画播放速度越快，设定的帧频越小，动画播放速度越慢。

对选择的帧进行复制操作时，可以按 Ctrl+C 组合键。

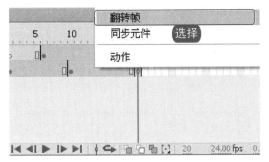

图 8-13　翻转帧

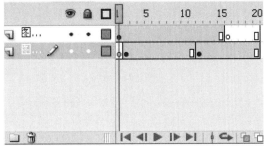

图 8-14　"翻转帧"效果

在 Flash 中设置帧频有以下几种方法。

- 在"时间轴"中单击"帧速率"即可更改帧频，如图 8-15 所示。
- 打开"属性"面板，在"帧频"文本框中输入数值即可更改帧频，如图 8-16 所示。

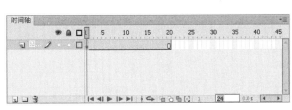

图 8-15　更改帧频

图 8-16　更改帧频的"属性"面板

- 用户也可以选择"修改"→"文档"命令，打开"文档设置"对话框，在该对话框中
  设置帧频数值，如图 8-17 所示。

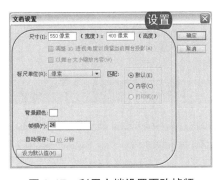

图 8-17　利用文档设置更改帧频

9. 添加帧标签

为了注释帧的含义、标记或者供 ActionsScript 语句调用某一特定的帧，这种情况下就需要为帧添加帧标签。添加帧标签的具体操作步骤如下。

- 在"时间轴"面板中单击要添加标签的帧。
- 打开"属性"面板，在"名称"文本框中输入该标签的名称即可，如图 8-18 所示。

对选择的帧进行粘贴操作时，可以按 Ctrl+V 组合键。

图 8-18　添加帧标签属性面板

8.1.3　设置时间轴模式

单击时间轴右上角的"设定"按钮 ，将会弹出供用户设置帧格的显示大小等选项，如图 8-19 所示。

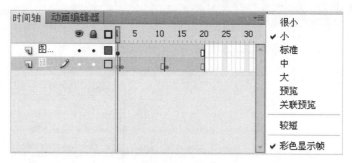

图 8-19　帧的显示模式

- 帧的大小：设定时间轴中所显示的每一帧大小。
- 较短：缩短时间轴上帧的高度。
- 彩色显示帧：选中此项后，可以用彩色模式显示帧，以便于区分不同类型的帧。
- 预览：在时间轴上，显示每一帧的缩略图并自动放大显示。
- 关联预览：在时间轴上显示每一帧的整体缩略图。

8.1.4　绘图纸(洋葱皮)功能

利用时间轴可以方便地对帧进行编辑，时间轴上的每一个小方格代表一帧。当在设置文档属性时，所设置的帧频将显示在时间轴面板上，如图 8-20 所示。

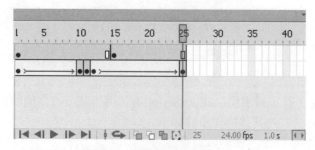

图 8-20　时间轴面板上的按钮

当在设置文档属性时，所设置的帧频将显示在时间轴面板上。

在时间轴面板上，还有其他的一些按钮，它们的功能及含义如下。

- 当前帧：用于显示当前帧的帧数，这里表示当前帧为第一帧。
- 帧频率：表示每秒播放的帧数(即帧频率)，这里表示每秒钟播放 12 帧。
- 运行时间：表示从第 1 帧到当前帧所需的时间，由于当前帧是第 1 帧，因此从第 1 帧播放到第 1 帧只需要 0 秒。

知识补充 ★

"修改绘图纸标记"各选项的作用如下。

总是显示标记：无论绘图纸外观是否打开，将在时间轴标题中显示绘图纸外观标记。

锚记绘图纸：会将绘图纸外观标记锁定在时间轴标题中的当前位置。

8.2　逐帧动画

逐帧动画是一种常见的动画形式，它的原理是在"连续的关键帧"中分解动画动作，也就是每一帧中的内容不同，然后连续播放形成动画。

＝＝书盘互动指导＝＝

⊙	示例	⊙	在光盘中的位置	⊙	书盘互动情况
			8.2　逐帧动画		本节主要带领大家全面学习"库"的使用操作，在光盘 8.2 节中有相关内容的操作视频，并特别针对本节内容设置了具体的实例分析。 大家可以在阅读本节内容后再学习光盘，以达到巩固和提升的效果。

逐帧动画是由位于同一图层的许多单个的关键帧组合而成的，在每个帧上都有关键性变化的动画，适合制作相邻关键帧中对象变化不大的动画。当播放动画时，Flash 会一帧一帧地显示每一帧中的内容。

逐帧动画具有如下特点。

- 逐帧动画中的每一帧都是关键帧，每帧的内容都要进行手动编辑，工作量很大，因此，如果不是特别需要，不建议采用逐帧动画的方式。
- 逐帧动画由许多单个关键帧组成，每个关键帧均可独立编辑，且相邻关键帧中的对象变化不大。
- 逐帧动画的文件很大，会占用较大内存。

下面制作一个飞鸟振动翅膀飞行的逐帧动画，其制作步骤如下。

❶ 启动 Flash CS6，新建一个 300×200 像素的浅灰色空白文档。按 Ctrl+F8 组合键，新建一个名为"飞鸟 1"的图形元件，如图 8-21 所示。

电脑小百科

如果用户所选择的当前帧数较大，则更能体现出"帧居中"的功能。

❷ 在"飞鸟 1"元件中使用"钢笔工具"绘制飞鸟的轮廓，设置其填充颜色为白色，删除轮廓线，如图 8-22 所示。

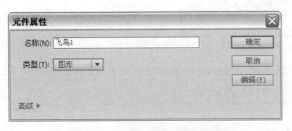

图 8-21　创建"飞鸟 1"元件

图 8-22　绘制飞鸟轮廓

❸ 选择用同样的方法绘制其余 11 个飞鸟图形元件，如图 8-23、图 8-24 所示。

图 8-23　绘制其他"飞鸟"元件

图 8-24　飞鸟元件

❹ 新建一个名为"飞鸟"的影片剪辑元件。在图层中隔一帧分别插入 11 个关键帧。将 12 个飞鸟图形元件依次从"库"面板中拖动到"飞鸟"元件舞台中，如图 8-25、图 8-26 所示。

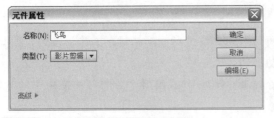

图 8-25　新建"飞鸟"元件

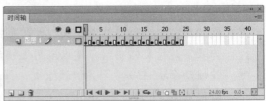

图 8-26　插入关键帧

❺ 选中第 1 帧，选择"视图"→"标尺"命令，打开标尺。单击标尺拉出辅助线以飞鸟的嘴定位。将第 3 帧中的飞鸟的嘴定位到辅助线的中心点，以此类推，将其余飞鸟也移到正确位置，如图 8-27、图 8-28 所示。

逐帧动画主要运用于创建不规则的运动动画，它的每一帧都是关键帧。

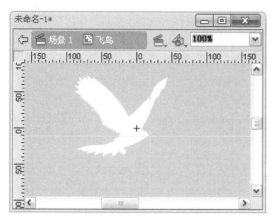

图 8-27　打开标尺、拉辅助线　　　　　　　图 8-28　对齐鸟嘴

6 返回到场景舞台，将飞鸟元件拖动到舞台中，完成后，按 Ctrl+Enter 组合键即可查看最终效果，如图 8-29、图 8-30 所示。

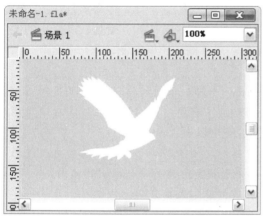

图 8-29　将元件拖入舞台　　　　　　　　　图 8-30　测试效果

7 按 Ctrl+S 组合键保存该文档。

知识补充

　　在制作逐帧动画时，各个关键帧的内容可任意改变，数量可以自行设定，只要两个相邻关键帧上的内容连续合理即可。

8.3　形状补间动画

　　不同于逐帧动画，补间动画是 Flash 的一大特点，它只需要建立两个关键帧，然后在两个关键帧之间插入若干普通帧。动画的效果由关键帧决定，Flash 自动根据两个关键帧之间的图像差别和关键帧之间的普通帧数量计算生成过渡的动画效果。

　　逐帧动画的帧序列内容不一样，最终输出的文件量也很大，其优势是适合于表演很细腻的动画。

■■书盘互动指导■■

⊙ 示例	⊙ 在光盘中的位置	⊙ 书盘互动情况
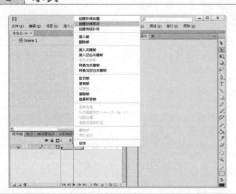	8.3 形状补间动画 1. 简单形状补间动画 2. 应用形状提示	本节主要带领大家全面学习形状补间动画，在光盘 8.3 节中有相关内容的操作视频，并特别针对本节内容设置了具体的实例分析。 大家可以在阅读本节内容后再学习光盘，以达到巩固和提升的效果。

8.3.1 简单形状补间动画

　　形状动画主要用于实现两个图形之间颜色、形状、大小和位置的相互变化，其变形的灵活性介于逐帧动画和动作动画二者之间，使用的元素多为用鼠标或压感笔绘制出的形状。

　　Flash CS6 支持三种不同类型的补间以创建动画。

- 　补间动画：使用补间动画可设置对象的属性，如帧的位置和 Alpha 透明度等。对于由对象的连续运动或变形构成的动画，补间动画很有用。补间动画在时间轴中显示为连续的帧范围，默认情况下可以作为单个对象进行选择。

- 　补间形状：在形状补间中，可在时间轴中的特定帧绘制一个形状，然后更改该形状或在另一个特定帧绘制另一个形状，创建一个形状变形为另一个形状的动画。

- 　传统补间：传统补间与补间动画类似，但是创建起来更复杂。传统补间允许一些特定的动画效果，而使用基于范围的补间则不能实现这些效果。

　　动物变形是一个简单的形变动画，通过几个不同矢量图形之间变形补间动画的创建，最终实现几种动物之间流畅的变形效果，具体操作步骤如下。

❶ 启动 Flash CS6，新建一个空白文档，选择"文件"→"导入"→"导入到库"命令，将三张动物图片导入到"库"面板中，如图 8-31 所示。

❷ 将图片拖入舞台中，并设置其大小和位置，如图 8-32 所示。

图 8-31　将图片导入到库

图 8-32　将图片拖入舞台

　　对于图形元件、按钮和文字等对象，则需要先"打散"才能创建变形动画。

❸ 选择"修改"→"位图"→"转换位图为矢量图"命令，在打开的"转换位图为矢量图"对话框中输入数值即可将其打散，如图 8-33、图 8-34 所示。

图 8-33　转换位图为矢量图

图 8-34　位图被转换为矢量图

❹ 用同样的方法将其余两张打散的图片放在第 20 帧和第 40 帧，如图 8-35、图 8-36 所示。

图 8-35　第 20 帧

图 8-36　第 40 帧

❺ 在时间轴上单击"编辑多个帧"按钮 ，单击"修改标记"下拉按钮 ，选择"标记整个范围"命令，将所有帧选中，如图 8-37、图 8-38 所示。

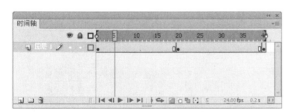

图 8-37　编辑多个帧

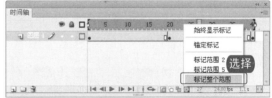

图 8-38　选择"标记整个范围"命令

❻ 选中所有图形，打开"对齐"面板，选中"与舞台对齐"复选框，单击"水平中齐"按钮 和"垂直中齐"按钮 ，如图 8-39、图 8-40 所示。

❼ 单击"编辑多个帧"按钮 ，取消编辑，分别选中第 1 帧和第 20 帧创建形状补间，如图 8-41 所示。

❽ 完成后，按 Ctrl+Enter 组合键即可查看最终效果，如图 8-42 所示。

用户在对图形对象进行填充时，可根据需要单击图形对象的左上角或右上角。

图 8-39 "对齐"面板

图 8-40 舞台上所有图形对齐

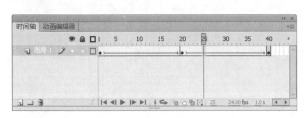

图 8-41 创建形状补间

图 8-42 测试效果

⑨ 按 Ctrl+S 组合键保存该文档。

8.3.2 应用形状提示

在使用 Flash 制作形状补间动画的时候，有时会遇到比较复杂见的形状变化，可以使用形状提示可以帮助我们更好的解决问题，它会标识起始形状和结束形状中的相对应的点，用 a～z 来表示。下面通过一个简单的实例来介绍一下形状提示的应用。

① 选择"文件"→"新建"命令，新建一个影片文档。

② 单击"图层 1"，在场景左边绘制一个矩形，笔触颜色为无颜色☑，填充颜色为白色。新建"图层 2"，在场景右边绘制一个矩形，参数同上，"图层 2"为添加形状提示层，如图 8-43 所示。

③ 在两个图层的第 30 帧处添加关键帧，各绘制一个五边形，在第 40 帧处添加普通帧，使变形后的文字稍作停留，如图 8-44 所示。

图 8-43 绘制矩形

图 8-44 绘制五边形

在创建形状补间动画时，可在时间轴需要建形状补间动画区间的任意位置右击，然后在弹出的快捷菜单中选择"创建补间形状"命令。

④ 逐一选取各层数字的第 1、30 帧，选择 "修改" → "分离" 命令，把图形打散，转为形状。

⑤ 在 "图层 1" 和 "图层 2" 的第一帧处各自建立形状补间动画。选择 "图层 2" 的第 1 帧，选择 "修改" → "形状" → "添加形状提示" 命令 3 次，如图 8-45 所示。

⑥ 确认工具箱中的 "对齐对象" 按钮■处于被按下状态，调整第 1、40 帧处的形状提示，

⑦ 按 Ctrl+Enter 组合键测试影片，可以观察到变化过程中，添加了形状提示的矩形的三个角被平移到了五边形的其中三个角处，如图 8-46 所示。

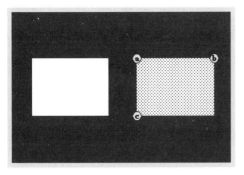

图 8-45　创建形状补间

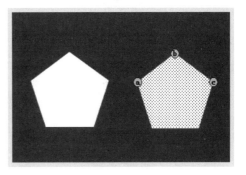

图 8-46　测试效果

8.4　动作补间动画

所谓的形状动画，实际上是由一种对象变换成另一个对象，而该过程只需要用户提供两个分别包含有变形前和变形后对象的关键帧，中间过程将由 Flash 自动完成。

■■书盘互动指导■■

⊙　　示例	⊙　　在光盘中的位置	⊙　　书盘互动情况
	8.4 动作补间动画	本节主要带领大家全面学习动作补间动画，在光盘 8.4 节中有相关内容的操作视频，并特别针对本节内容设置了具体的实例分析。 大家可以在阅读本节内容后再学习光盘，以达到巩固和提升的效果。

构成动作动画的元素是元件，包括影片剪辑、图形元件、按钮、文字、位图和组合等，但不能是形状，只有把形状 "组合" 或者转换成 "元件" 后才可能创建 "动作动画"。

下面以圆的旋转为例，制作一个简单的动作补间。

① 启动 Flash CS6，新建一空白文档，选择 "椭圆工具"，在舞台中绘制一个圆形，如图 8-47 所示。

② 选择 "直线" 工具，在圆上绘制两条相交的直线，将圆形分为 4 份，如图 8-48 所示。

用户如果遇到复杂的补间形状，要先创建中间形状然后再进行补间，不要只定义起始和结束的形状。

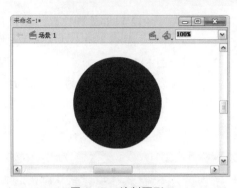

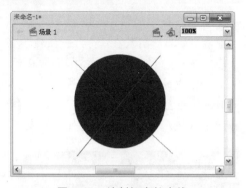

图 8-47　绘制圆形　　　　　　　　　　图 8-48　绘制相交的直线

③ 将颜色填充到被线条分开的其余三份中，并将多出来的线条删除，如图 8-49 所示。

④ 选中整个圆形，将其转换成图形元件，如图 8-50 所示。

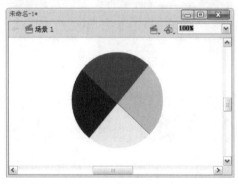

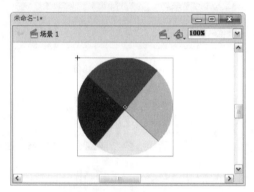

图 8-49　删除多余线条　　　　　　　　图 8-50　转换为图形元件

⑤ 在第 40 帧按 F6 插入关键帧，在第 1 帧创建传统补间，如图 8-51 所示。

⑥ 打开"属性"面板，设置其补间的"旋转"为"顺时针"，如图 8-52 所示。

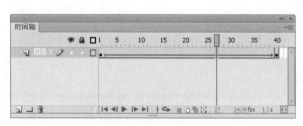

图 8-51　创建传统补间　　　　　　　　图 8-52　设置补间选项

⑦ 完成后，按 Ctrl+Enter 组合键即可查看最终效果，按 Ctrl+S 组合键保存该文档，如图 8-53 所示。

动作补间的三种基本动作包括移动、旋转、缩放。

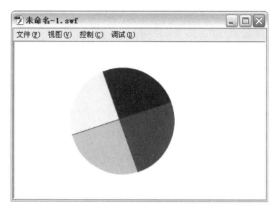

图 8-53 最终效果图

8.5 应用实例：制作滴墨水动画

在 Flash CS6 中制作滴墨水的动画过程是：墨水从钢笔中渗出来，墨水滴落下来，接着墨水滴到纸上，在纸上渗透开来。

本实例是一个简单的形状补间动画。通过一系列简单操作，使墨水滴落的动画显得自然流畅，本实例的效果就达到了。

■■书盘互动指导■■

⊙ 示例	⊙ 在光盘中的位置	⊙ 书盘互动情况
未命名-1* 场景 1 100%	8.5 应用实例：制作滴墨水动画	本节主要介绍了以上述所学为基础的综合实例操作方法，在光盘 8.5 节中有相关操作的步骤视频文件，以及原始素材文件和处理后的效果文件。 大家可以选择在阅读本节内容后再学习光盘，以达到巩固和提升的效果，也可以对照光盘视频操作来学习图书内容，以便更直观地学习和理解本节内容。

下面以滴墨水动画的制作为例，介绍制作形状变形的操作步骤。

❶ 启动 Flash CS6，新建一个 Flash 空白文档，设置其宽为 "550 像素"，高为 "400 像素"，单击 "确定" 按钮完成对文档尺寸的修改，如图 8-54 所示。

❷ 在舞台中绘制一个倾斜的渐变四边形作为动画中的 "信封"，如图 8-55 所示。

❸ 在图层 1 的第 90 帧按 F5 快捷键插入普通帧，新建图层 2，在舞台中绘制钢笔，绘制好后锁定图层，如图 8-56 所示。

❹ 新建图层 3，选择 "刷子" 工具，在钢笔尖上绘制墨水形状，如图 8-57 所示。

动作补间动画的对象必须是 "元件" 或 "成组对象"。

图 8-54　修改文档设置

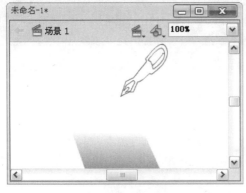

图 8-55　绘制信封

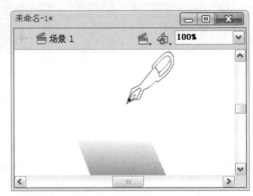

图 8-56　绘制"钢笔"

图 8-57　绘制"墨水"形状

⑤ 在第 25 帧插入关键帧，将墨水移到笔尖处，如图 8-58 所示。

⑥ 在第 30 帧插入关键帧，将墨水移到笔尖下方，如图 8-59 所示。

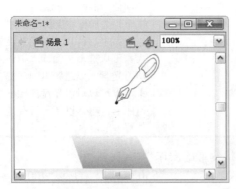

图 8-58　将墨水移到笔尖

图 8-59　将墨水移到笔尖下方

⑦ 在第 60 帧插入关键帧，将墨水移到信封上，如图 8-60 所示。

⑧ 在第 75 帧插入关键帧，将墨水形状放大，变成墨水滴在纸上渗开的形状，如图 8-61 所示。

⑨ 按 Shift 键选中图层 3 的第 1 帧到第 74 帧间的所有帧，右击其中一帧，在弹出的快捷菜单中选择"创建补间形状"命令，如图 8-62 所示。

一般来说，形状补间通常用于对已分离的形状的位置、形状等的编辑。

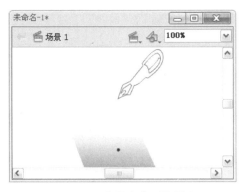

图 8-60 将墨水移到信封上

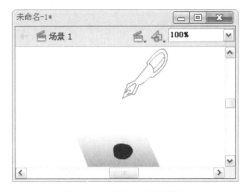

图 8-61 将墨水形状放大

⑩ 按 Ctrl+Enter 组合键测试影片，在播放器中观察整个动画效果，可以看到墨水从钢笔尖上滴下，然后在纸面上慢慢扩散的过程，如图 8-63 所示。

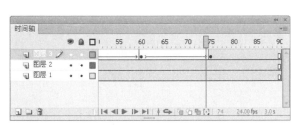

图 8-62 创建补间形状

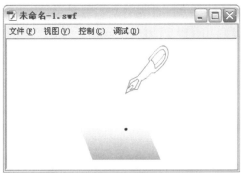

图 8-63 测试滴墨水动画效果

学 习 小 结

本章主要介绍了 Flash CS6 帧和时间轴的概念和操作，以及逐帧动画、简单形状补间动画和动作补间动画的制作和编辑，最后通过一个综合案例的解析，使读者能够更好地理解和掌握 Flash 基本动画的制作。

下面对本章的重点做个总结。

(1) 在 Flash 中，帧的类型包括普通帧、关键帧和空白关键帧。

(2) 掌握在 Flash CS6 中帧的插入、选择、复制和粘贴、删除、清除、移动、翻转等操作。

(3) 熟悉在 Flash CS6 中帧的显示模式、时间轴与帧相关的功能以及绘图纸功能的作用。

(4) 掌握逐帧动画、形状补间动画和动作补间动画的基本创建方法，学会在形状补间动画中应用形状提示。

互 动 练 习

1. 选择题

(1) 下面不属于"帧"分类的是(　　)。

形状补间动画的起始关键帧和结束关键帧生成一条带箭头的浅绿色背景的直线，说明补间是正常的。

A. 关键帧 　　　　　　　　　B. 空白帧

C. 普通帧 　　　　　　　　　D. 引导帧

(2) 一般默认的动画帧频为(　　)。

A. 12fps 　　　　　　　　　　B. 30fps

C. 24fps 　　　　　　　　　　D. 48fps

(3) 构成动作动画的元素是元件，但不能是(　　)。

A. 位图 　　　　　　　　　　B. 形状

C. 帧 　　　　　　　　　　　D. 对象

2. 思考与上机题

(1) 简要叙述帧的几种类型。

(2) 说说形状补间动画和动作补间动画的区别。

(3) 运用添加形状提示的方法制作一个由字母"A"变换成字母"B"的形状动画。

在 Flash 中，通过 Action 的导入和跳转可实现动画效果，并可将多个 SWF 文件重叠显示。

完美互动手册

第 9 章

Flash 高级动画制作

本章导读

　　遮罩动画、引导动画和场景动画是 Flash 中较为重要的几种动画。通过这几种动画的制作和结合使用，可以使 Flash 影片更加生动连贯，缤纷多彩。

　　本章主要介绍 Flash CS6 中高级动画的制作，主要包括遮罩动画、引导动画和场景动画的相关知识及其基本操作，并通过实例的应用分析巩固和强化理论操作，帮助读者快速掌握如何在 Flash 中创建和使用高级动画。

精
彩
看
点

- ● 遮罩动画的概念
- ● 制作百叶窗变换动画
- ● 创建引导层动画
- ● 创建场景动画

- ● 创建遮罩动画
- ● 引导层动画的概念
- ● 制作汽车登场动画
- ● 制作卷轴动画

9.1 遮罩动画

在 Flash 中遮罩就是通过遮罩图层中的图形或者文字等对象，透出下面图层中的内容。简单地说遮罩层就像一张透明的纸，在这张纸上挖一个洞后，当洞下面的物体经过洞口时，而产生的一个小动画。

■■书盘互动指导■■

⊙ 示例	⊙ 在光盘中的位置	⊙ 书盘互动情况
	9.1 遮罩动画	本节主要带领大家全面学习遮罩动画制作的操作，在光盘 9.1 节中有相关内容的操作视频，并特别针对本节内容设置了具体的实例分析。大家可以在阅读本节内容后再学习光盘，以达到巩固和提升的效果。

当一个图层被设置为"遮罩层"后，其就会把下面的"被遮罩层"遮盖住。如果在遮罩层上绘制一些形状，这些形状相应的部分就会成为一个"空洞"，通过其可以看到"被遮罩层"中的内容。在制作遮罩动画时，不能用一个遮罩层来遮罩另一个遮罩层，且在被遮罩层中不能放置动态文本。

遮罩是 Flash 提供的一种辅助工具，有点类似于 Photoshop 中的"蒙版"。通过使用遮罩，可以制作一些特殊的动画效果，创建遮罩层的具体步骤如下。

下面介绍如何制作一个黑夜里，探照灯照射到文字上的动画效果，具体操作步骤如下。

❶ 启动 Flash CS6，新建一个 300 像素×100 像素的黑底 Flash 文档。

❷ 在舞台上绘制一个灰色的矩形，在第 30 帧插入帧，如图 9-1 所示。

❸ 新建图层 2，选择"文本"工具 **T**，输入白色文字。并在第 30 帧插入帧，如图 9-2 所示。

图 9-1 绘制矩形

图 9-2 输入文字

❹ 复制该文本，并原地粘贴，将其改为黑色，再向右移动几个像素。

❺ 选择"修改"→"排列"→"下移一层"命令，黑色的文本就会位于白色文本的后面，使文本产生阴影效果，如图 9-3 所示。

❻ 新建图层 3，选择"椭圆"工具 🔵 画一个圆。在第 30 帧插入关键帧，将圆移到右侧，在第 1 帧创建传统补间，如图 9-4 所示。

在遮罩层中，位图、渐变填充区域、透明区域、颜色和线条等都会被忽略。

图 9-3 阴影效果的产生

图 9-4 画椭圆

7 右击图层 3，在弹出的快捷菜单中选择"遮罩层"命令，如图 9-5 所示。

8 完成后，按 Ctrl+Enter 组合键即可查看最终效果，如图 9-6 所示。

图 9-5 遮罩

图 9-6 最终效果图

9 按 Ctrl+S 组合键保存该文档。

 知识补充

　　除此之外，用户还可以将已经存在的普通图层拖曳到遮罩图层之下。被遮罩的图层会右缩进，表示被遮罩。在 Flash 动画中，"遮罩"主要有两种用途：一种是用在整个场景或一个特定区域，使场景外的对象或特定区域外的对象不可见；另一种是用来遮罩住某一元件的一部分，从而实现一些特殊的效果。

9.2　引导层动画

　　将一个或多个层链接到一个运动引导层，使一个或多个对象沿同一条路径运动的动画形式被称为"引导动画"，这种动画可以使一个或多个元件完成曲线或不规则运动。

■■书盘互动指导■■

⊙ 示例	⊙ 在光盘中的位置	⊙ 书盘互动情况
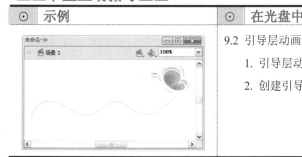	9.2 引导层动画 　　1. 引导层动画的概念 　　2. 创建引导层动画	本节主要带领大家全面学习引导层动画的制作，在光盘 9.2 节中有相关内容的操作视频，并特别针对本节内容设置了具体的实例分析。 大家可以在阅读本节内容后再学习光盘，以达到巩固和提升的效果。

在 Flash 中添加运动引导层后，该引导层下方的普通帧将会自动转变为被引导层。

引导层是用来指示元件运行路径的，所以"引导层"中的内容可以是用钢笔、铅笔、线条、椭圆、矩形或画笔工具等绘制出的线段。

而"被引导层"中的对象是跟着引导线走的，可以使用影片剪辑、图形元件、按钮和文字等，但不能应用形状。

9.2.1 引导层动画的概念

创建图表后，有时需要对图表的位置和大小作适当修改。下面以调整折线图为例介绍具体的操作方法。

9.2.2 创建引导层动画

路径动画是通过引导图层和被引导图层的结合来实现的。引导图层可以在动画运行时起到辅助作用，确定对象运动的路径。

1️⃣ 启动 Flash CS6，新建一空白文档，导入图片到库，将库中的图片拖到舞台中，并设置其大小，如图 9-7 所示。

2️⃣ 新建图层 2，并在第 40 帧插入帧。选择"铅笔"工具 ✏️，在舞台中画一条曲线，如图 9-8 所示。

图 9-7　导入图片

图 9-8　画一条曲线

3️⃣ 用任意变形工具选中图片，将其拖动到曲线右端，图片中心点在曲线上，如图 9-9 所示。

4️⃣ 在图层 1 的第 40 帧插入关键帧，将图片移到曲线左端。单击第 1 帧，为其创建传统补间，如图 9-10 所示。

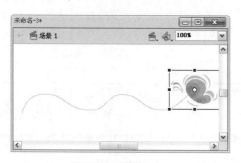

图 9-9　拖动曲线

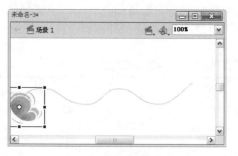

图 9-10　创建传统补间

5️⃣ 右击图层 2，在弹出的快捷菜中选择"引导层"命令。将图层 1 拖动到图层 2 下，使图层 2 的 ✏️ 变成 ⌒，如图 9-11 所示。

如果元件的中心点不在端点上，则被引导层为无效图层。

6 完成后按 Ctrl+Enter 组合键即可查看最终效果，如图 9-12 所示。

图 9-11 添加引导层

图 9-12 最终效果图

知识补充

在拖动元件到线段上时，系统会自动将元件的中吸附在线段的端点或中心点上。用户可在"缓动"文本框中输入-100～100 的数值来分别设置动画的速度。如果要将引导层转化为普通图层，则可以右击引导层，在弹出的快捷菜单中取消"引导层"命令，这样引导层就变为普通图层。

9.3 应用实例：制作翻山越岭动画

除了简单的引导动画之外，Flash 还可以创建更复杂的引导动画，下面以一辆汽车翻山越岭的动画制作为例，来介绍具体操作步骤。

■■书盘互动指导■■

⊙ 示例	⊙ 在光盘中的位置	⊙ 书盘互动情况
	9.3 应用实例：制作翻山越岭动画	本节主要带领大家全面学习制作翻山越岭动画，在光盘 9.3 节中有相关内容的操作视频，并特别针对本节内容设置了具体的实例分析。大家可以在阅读本节内容后再学习光盘，以达到巩固和提升的效果。

下面是制作翻山越岭动画的具体步骤。

1 启动 Flash CS6，新建一个空白文档。选择"矩形"工具 在舞台中绘制一个无框绿色矩形，如图 9-13 所示。

2 选择"铅笔"工具 ，在矩形上绘制一条曲线，用"选择"工具 将曲线拉成想要的幅度，如图 9-14 所示。

3 删除曲线上的填充色，并将曲线剪切到新建的图层 2 中，如图 9-15 所示。

4 在图层 1 和图层 2 的第 40 帧插入帧，右击图层 2，在弹出的快捷菜单中选择"引导层"命令，为其添加引导层，如图 9-16 所示。

运动引导线在动画发布的时候是看不到的，在设置时只要与场景中的主体颜色区分开即可。

图 9-13　绘制矩形

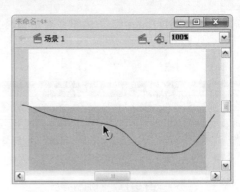

图 9-14　绘制曲线

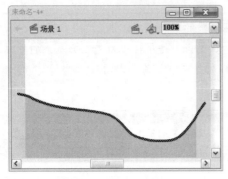

图 9-15　填充曲线颜色

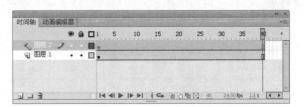

图 9-16　添加引导层

⑤ 在图层 1 之上新建图层 3，并将库面板中的汽车拖到舞台中，设置其大小，并将其移到曲线左端，如图 9-17 所示。

⑥ 在第 40 帧插入关键帧，将汽车移到曲线右端，如图 9-18 所示。

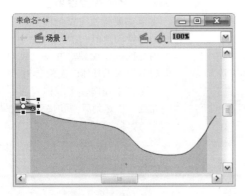

图 9-17　移动曲线

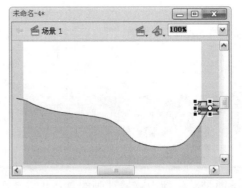

图 9-18　插入关键帧

⑦ 在图层 3 的第 1 帧创建传统补间，并打开"属性"面板，选中"补间"下的"调整到路径"和"同步"复选框，如图 9-19 所示。

⑧ 将图层 3 拖动到图层 2 下，使图层 2 的 ✎ 变成 ⌒⌒，如图 9-20 所示。

⑨ 完成后，按 Ctrl+Enter 组合键即可查看最终效果。按 Ctrl+S 组合键保存该文档，如图 9-21 所示。

用户如果要做元件的引导线移动渐变动画，属性面板中有一个"调整到路径"选项可以使用。

图 9-19　帧的属性面板

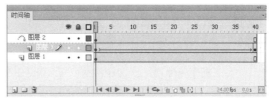

图 9-20　拖动层

图 9-21　最终效果图

 知识补充

　　选中"调整到路径"复选框使对象沿设定的路径运动，并随着路径的改变而相应地改变角度；选中"同步"复选框会使动画在场景中首尾连续地循环播放。

9.4　场景动画

　　创建图表后，有时需要对图表的位置和大小作适当修改。下面以调整折线图为例介绍具体的操作方法。

■■书盘互动指导■■

⊙　示例	⊙　在光盘中的位置	⊙　书盘互动情况
	9.4　场景动画 　　1. 创建场景 　　2. 场景应用	本节主要带领大家全面学习场景动画，在光盘 9.4 节中有相关内容的操作视频，并特别针对本节内容设置了具体的实例分析。 大家可以在阅读本节内容后再学习光盘，以达到巩固和提升的效果。

　　在实现引导线效果的时候，用户要注意的是元件必须与引导线粘合。

9.4.1 创建场景

创建场景的方法有以下几种：

- 选择"插入"→"场景"命令，如图 9-22 所示。
- 按 Shift+F2 组合键，在打开的"场景"面板中单击▣按钮，如图 9-23 所示。
- 选择"窗口"→"其他面板"→"场景"命令，在打开的"场景"面板中单击▣按钮。

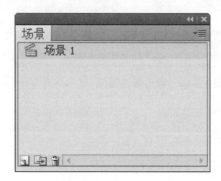

图 9-22　选择"场景"命令　　　　图 9-23　创建场景

9.4.2 场景应用

场景和图层一样，也可以进行复制、新建、删除等应用操作。

- 重制场景▣：选择一个场景后单击该按钮，即可复制一个与所选场景内容完全相同的场景，复制的场景变为当前场景。
- 新建场景▣：在"场景"面板中单击该按钮即可在所选场景的下方添加一个场景。
- 删除场景▣：在"场景"面板中单击该按钮即可删除所选的场景。
- 调整场景顺序：播放动画时，Flash 将按照场景的排列顺序来播放，最上面的场景最先播放。如果要调整场景的播放顺序，只需选中场景后上下拖动即可。
- 重命名场景：双击场景名称即可为场景重新取名。

下面是小桥流水动画的具体制作步骤。

1️⃣ 新建一个 Flash 文档，打开"文档属性"面板设置场景属性。

2️⃣ 新建"小桥"图形元件，在编辑场景中绘制如图 9-24 所示的小桥效果。

3️⃣ 新建"鱼尾"影片剪辑元件。使用"铅笔"工具，在元件的编辑场景中绘制一个鱼尾的轮廓，如图 9-25 所示。

图 9-24　绘制小桥　　　　　　图 9-25　绘制鱼尾的轮廓

在 Flash 中创建多个场景，播放时会按顺序自动播下去，这样也便于管理。

④ 按快捷键 Alt+Shift+F9 键打开"颜色"面板设置颜色，如图 9-26 所示。

⑤ 颜料桶工具给鱼尾上色，如图 9-27 所示。

图 9-26　"颜色"面板

图 9-27　鱼尾上色

⑥ 将"鱼尾"影片剪辑元件场景中的图层 1 命名为"鱼尾"层。分别选择第 5、10、15、20 帧，按 F6 键插入关键帧。把每帧中的鱼尾设置成不同的形状如图 9-28 所示。然后在各个帧之间创建变形补间动画，如图 9-29 所示。

图 9-28　插入关键帧

图 9-29　创建变形补间动画

⑦ 新建"金鱼"影片剪辑元件，建立"胸鳍"、"鱼头"、"鱼身"等层。将"鱼尾"元件变形得到"鱼鳍"，通过"椭圆"、"铅笔"工具绘制出"鱼眼"、"嘴"、"鳃"。"鱼身"层中有 3 个关键帧，使鱼身形变来产生动感，如图 9-30 所示。

图 9-30　新建层

⑧ 新建一个"流水"影片剪辑元件。创建"小桥 1"、"小桥 2"和"遮罩"三层。

⑨ 打开"库"面板，将"小桥"元件拖拽到"小桥 1"层的场景中。选择该层的第 60 帧按 F5 键插入帧。隐藏"小桥 1"层中的元件，再将"库"中的"小桥"元件拖拽到"小桥 2"层的场景中。选择该层第 50 帧按 F6 键插入关键帧。

⑩ 在"遮罩"层的场景中制作一个由高度为 8 像素的线条组成的遮罩块，如图 9-31 所示。

如果用户想要实现场景之间的切换，那就需要用到 ActionScript 脚本语句。

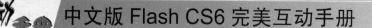

图 9-31　制作遮罩块

⑪　选择"遮罩"层中第 15、30、45、60 帧并按 F6 键插入关键帧。将各帧中遮罩上下移动几个像素，并创建补间动画，将"遮罩"层设置遮罩，如图 9-32 所示。

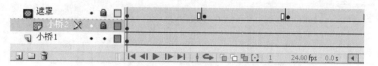

图 9-32　创建遮罩和补间动画

⑫　从"库"中将"金鱼"元件拖拽到"小桥 2"层中的适当位置。

⑬　返回主场景，在第 1 层将元件"流水"拖入场景，在第 2 层将元件"小桥"拖入场景，如图 9-33 所示。

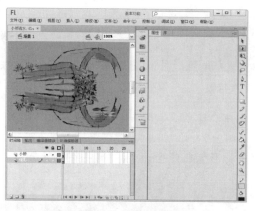

图 9-33　最终效果图

9.5　应用实例：制作放大镜效果

使用形状补间动画和遮罩技术实现一个放大文字的效果，放大镜左右移动，且其中心的亮度大于四周。

用户在使用文字作为遮罩图形时，要注意的是必须将遮罩的文字打散为矢量图形，才可以正常遮罩。

▰▰书盘互动指导▰▰

⊙　示例	⊙　在光盘中的位置	⊙　书盘互动情况
	9.5 应用实例：制作放大镜效果 　1. 绘制放大镜 　2. 导入图片 　3. 制作遮罩动画	本节主要介绍了以上述所学为基础的综合实例操作方法，在光盘 9.5 节中有相关操作的步骤视频文件，以及原始素材文件和处理后的效果文件。 大家可以选择在阅读本节内容后再学习光盘，以达到巩固和提升的效果，也可以对照光盘视频操作来学习图书内容，以便更直观地学习和理解本节内容。

制作放大镜效果可通过下面的操作步骤来实现。

跟着做 1 ☛ 绘制放大镜

绘制放大镜的具体操作步骤如下。

❶ 启动 Flash CS6，按 Ctrl+F8 组合键，在弹出的"创建新元件"对话框的"名称"对话框中输入"放大镜"，选择类型为"图形"。单击"确定"按钮，如图 9-34 所示。

❷ 选择"椭圆"工具⬭，设置其属性无填充色，笔触颜色为黑色，内径为 70，如图 9-35 所示。

图 9-34　创建新元件

图 9-35　椭圆工具属性

❸ 按 Shift 键，在舞台中绘制一个圆环。选择"矩形"工具▢，在圆环的下方画一个长方形，制作放大镜的手柄，如图 9-36 所示。

❹ 选择"颜料桶"工具🪣，将圆环和矩形填充灰色，并删除两者重合的线条，如图 9-37 所示。

制作引导层动画时，将图片转换为元件时，可根据实际需要选择元件的中心点位置。

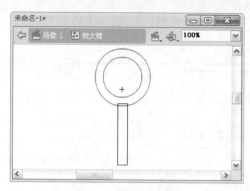

图 9-36　制作放大镜手柄

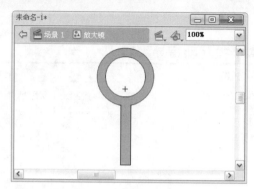

图 9-37　填充放大镜

跟着做 2　导入图片

导入图片的具体操作步骤如下。

❶ 返回到场景舞台，将图片导入到舞台中，打开"对齐"面板选中"相对于舞台"复选框，单击"水平中齐"和"垂直中齐"按钮，并在第 30 帧插入关键帧，如图 9-38、图 9-39 所示。

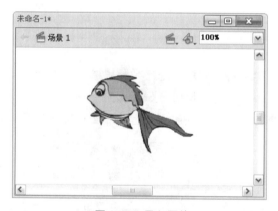

图 9-38　导入图片

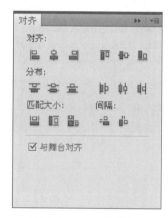

图 9-39　对齐面板

❷ 新建图层 2，复制图层 1 的第 1 帧，并按住 Shift 键将其以中心点放大，并在第 30 帧插入关键帧，如图 9-40、图 9-41 所示。

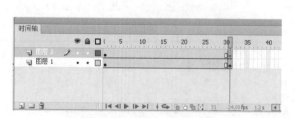

图 9-40　复制帧和插入帧

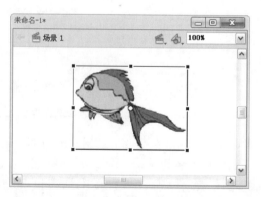

图 9-41　放大中心点

制作引导层动画时，在选择"选择"工具后，将鼠标移至曲线段上时鼠标呈状，此时拖动鼠标即可对线段进行调整。

跟着做 3 ☞ 制作遮罩动画

制作放大镜的遮罩动画的操作步骤如下。

① 新建图层 3 并右击，在弹出的快捷菜单中选择"遮罩层"命令，如图 9-42 所示。

② 新建图层 4，将"放大镜"元件拖动到舞台中，并且为其设置适当大小和位置，如图 9-43 所示。

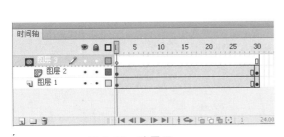

图 9-42　遮罩层

图 9-43　设置放大镜

③ 在第 30 帧插入关键帧，将放大镜拖到舞台的另一端。单击第 1 帧，创建传统补间动画，如图 9-44 所示。

④ 选择图层 3 的第 1 帧，在放大镜的镜片位置画一个圆形，圆形的大小要和放大镜的镜片大小一致，如图 9-45 所示。

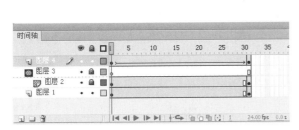

图 9-44　创建传统补间动画

图 9-45　画一个圆形

⑤ 在第 30 帧插入关键帧，把圆形拖动到放大镜的镜片位置，如图 9-46 所示。

⑥ 完成后，按 Ctrl+Enter 组合键即可查看最终效果，如图 9-47 所示。

图 9-46　插入关键帧

图 9-47　最终效果图

在制作遮罩动画时，不能用一个遮罩层来遮罩另一个遮罩层，且在被遮罩层中不能放置动态的文本。

⑦ 按 Ctrl+S 组合键保存该文档。

知识补充 ★

在第 1 帧创建传统补间动画时，遮罩层里面的圆形和放大镜的移动同步。

学 习 小 结

本章主要介绍了 Flash 引导层动画的概念、如何创建引导层动画、创建场景以及场景的应用等知识，另外还介绍了如何制作放大镜效果。

通过本章的学习，读者能够认识和了解引导层的概念，并学会在 Flash 中创建引导层、创建场景等操作。

下面对本章的重点做个总结。

(1) 在制作遮罩动画时，不能用一个遮罩层来遮罩另一个遮罩层，且在被遮罩层中不能放置动态文本。

(2) 引导层是用来指示元件运行路径的，所以"引导层"中的内容可以是用钢笔、铅笔、线条、椭圆、矩形或画笔工具等绘制出的线段。

(3) 引导图层可以在动画运行时起到辅助作用，确定对象运动的路径。

(4) 路径动画是通过引导图层和被引导图层的结合来实现的。引导图层可以在动画运行时起到辅助作用，确定对象运动的路径。

(5) 场景和图层一样，也可以进行复制、新建、删除等应用操作。

互 动 练 习

1、选择题

(1) 一般默认的动画速度为(　　)。

　　A. 12fps　　　　　　　　　　B. 24fps
　　C. 30fps　　　　　　　　　　D. 40fps

(2) 构成动作动画的元素可以是元件，但不能是(　　)。

　　A. 位图　　　　　　　　　　B. 形状
　　C. 对象　　　　　　　　　　D. 图像

2、思考与上机题

(1) 制作一个由字母"A"变成字母"B"的形状动画。

(2) 制作一个从中间向上下拉开的遮罩动画。

(3) 制作一个五彩变换的文字动画。

用户如果要取消建立的遮罩层时，可右击遮罩层，在弹出的快捷菜单中选择"属性"命令，此时选择遮罩类型为"一般"即可。

完美互动手册

第 10 章

ActionScript 脚本的使用

本章导读

　　ActionScript 是针对 Adobe Flash Player 运行时环境的编程语言，它在 Flash 内容和应用程序中实现了交互、数据处理以及其他许多功能。使用 ActionScript 语言可以轻松控制 Flash 动画中的对象。

　　本章主要介绍创建导航元素和交互元素的相关知识及其基本操作，并通过实战的应用分析巩固和强化理论操作，帮助读者制作高效动画。

精
彩
看
点

- 函数的使用
- Flash 播放器控制语句
- 跳转语句
- 添加播放按钮动作

10.1 动作脚本的使用

在 Flash 中，需要用到脚本语言，它是实现 flash 动作的基础。ActionScript 动作脚本是遵循 ECMAscript 第四版的 Adobe Flash Player 运行时环境的编程语言。它在 Flash Player 内容和应用程序中实现交互性、数据处理以及其他功能。

10.1.1 数据类型

在 ActionScript 中，可以将很多数据类型用作所创建的变量的数据类型。其中的某些数据类型可以看作是"简单"或"基本"数据类型：

- String：一个文本值，例如，一个名称或书中某一章的文字。
- Numeric：对于 numeric 型数据，ActionScript 3.0 包含三种特定数据类型：
- Number：任何数值，包括有小数部分或没有小数部分的值。
- Int：一个整数(不带小数部分的整数)。
- Uint：一个"无符号"整数，即不能为负数的整数。
- Boolean：一个 true 或 false 值，例如开关是否开启或两个值是否相等。

大部分内置数据类型以及程序员定义的数据类型都是复杂数据类型。下面列出一些复杂的数据类型：

- MovieClip：影片剪辑元件。
- TextField：动态文本字段或输入文本字段。
- SimpleButton：按钮元件。
- Date：有关时间中的某个片刻的信息(日期和时间)。

下面几条陈述虽然表达的方式不同，但意思是相同的：

- 变量 myVariable 的数据类型是 Number。
- 变量 myVariable 是一个 Number 实例。
- 变量 myVariable 是一个 Number 对象。
- 变量 myVariable 是 Number 类的一个实例。

10.1.2 语法规则

变量的命名必须遵守以下规则：

- 变量名必须以英文字母 a~z 开头，没有大小写的区别。
- 变量名不能有空格，可以使用底线(_)。
- 变量名不能与 Actions 中使用的命令名称相同。
- 在它的作用范围内必须是唯一的。

10.1.3 变量

变量是程序编辑中重要的组成部分，用来对所需的数据资料进行暂时储存。变量可以用于记录

组装电脑前，应先消除身上的静电，防止对电子器件造成损害。有条件的，还可佩戴防静电手套。

和保存用户的操作信息、输入的资料，记录动画播放时间剩余时间，或用于判断条件是否成立等。变量主要用于存储信息，可以分为逻辑变量、数值型变量、字符串变量。

10.1.4　函数

函数可以在脚本中被事件或其他语句调用，是一种能够完成一定功能的代码块。在编写脚本时，常用编写一段函数来代替一个特定功能代码的方法来调用这段代码。

1. 定义函数

在使用函数之前，需要在定义函数之后才能调用该函数。在 Flash 中可使用 function 命令进行函数的定义。function 命令位于 Types 选项中，如图 10-1 所示。

图 10-1　function 命令

2. 为函数传递参数

参数是函数代码所处理的元素。在调用函数时首先应将该函数所要求的参数传递给它，函数将使用通过传递所得到的值取代函数定义中的参数。例如：

```
guilan(2005);
```

该语句将使用 2005 取代函数定义中所定义的参数 finalscore，即将值 2005 赋给变量 score。

调用函数

使用 evaluate 命令可以对函数进行调用。evaluate 命令位于 Actions 选项下的 Miscellaneons 选项中，如图 10-2 所示。

图 10-2　evaluate 命令

其中的"表达式"文本框用于输入调用函数的表达式，如："var sky=_root.ilu.sqr(8);"，该语

在 ActionScript 编程语言中，每个语句都以";"结束，用户也可不输入。通过单击动作面板中的相关按钮自动套用语句格式。

句表示调用主时间轴中动画片段"liu"的函数 sqr 并传递参数"8",然后将结果存储在"sky"变量中。

选择"窗口"→"动作"命令或是按 F9 键即可打开"动作"面板,如图 10-3 所示。

图 10-3　动作面板

3. 动作分类窗口

在动作分类窗口中包含有 Flash CS6 提供的各种 ActionScript 脚本语言,在此窗口中将不同的动作脚本进行分类存放。

由于 Flash CS6 支持 ActionScript 1.0、2.0 和 3.0 等多个版本,所以其下拉列表框中用户可以选择不同的 ActionScript 版本,需要注意的是它们的脚本分类是有一定差别的,如图 10-4、图 10-5 所示。

图 10-4　ActionScript 1.0&2.0 版本

图 10-5　ActionScript 3.0 版本

4. 脚本对象窗口

脚本对象窗口也可称为"脚本导航器",在该窗口中显示了当前 Flash 文件中已添加动作的元素,以及正在编辑脚本的对象,如图 10-6 所示。

对硬盘、CPU 等各个部件要轻拿轻放,不要碰撞。

图 10-6　脚本对象窗口

5、脚本编辑窗口

在"动作"面板右侧就是 ActionScript 脚本编辑窗口，Flash CS6 所有的脚本编辑都是在该窗口完成的。在脚本编辑窗口的上部分包括了编辑 ActionScript 脚本时常用的一些工具按钮，如图 10-7 所示。

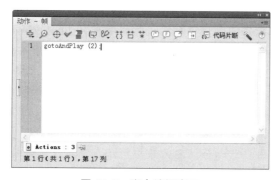

图 10-7　脚本编辑窗口

工具栏中各按钮的作用如下。

- 将新项目添加到脚本中：单击 ⊕ 按钮，将弹出与分类窗口中相同的分类列表，在列表中可选择相应的动作，并将其添加到 ActionScript 中小，如图 10-8 所示。
- 查找：单击 ⚲ 按钮，将打开"查找和替换"对话框，利用该对话框可在当前文档的 ActionScript 中查找和替换文本，如图 10-9 所示。

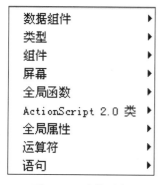

图 10-8　动作列表

图 10-9　"查找和替换"对话框

在为按钮元件添加动作时，若未选择关键帧，则无法在场景中进行选择或编辑任何对象。

- 插入目标路径：单击 ⊕ 按钮时，将打开"插入目标路径"对话框，在该对话框中可为动作指定相对路径或绝对路径，如图 10-10 所示。
- 显示代码提示：用户在手工输入 ActionScript 时，单击按钮即会显示代码提示，如图 10-11 所示。

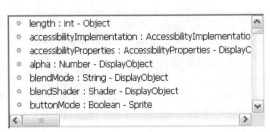

图 10-10　插入目标路径　　　　　　　　　　　图 10-11　代码提示

- 语法检查：单击 ✔ 按钮时，将对已编辑的所有 ActionScript 脚本进行拼写语法检查。
- 自动套用格式：如果编辑 ActionScript 时，是采用手工输入的方式，则排版格式可能不够规范，单击 ≣ 按钮可使现有的 ActionScript 语言按标准格式排列。
- 调式选项：单击 ✍ 按钮时，可在 ActionScript 中添加或删除断点，当程序执行到断点位置时，就会暂停。
- 折叠成对大括号：单击 ⟨⟩ 按钮时，可将代码的多个部分折叠为一行，通过折叠无需查看的代码部分，用户可以将注意力集中于正在编写或调试的代码。
- 折叠所选：单击 ⊟ 按钮时，可将已选择代码的多个部分折叠为一行。
- 脚本助手：单击 ✎ 按钮时，将进入脚本助手模式，在该模式中，用户可直接设置 ActionScript 参数来完成脚本的输入，无需手工输入，如图 10-12 所示。

图 10-12　脚本助手

- 展开全部按钮：单击 ✳ 按钮时，可展开当前脚本中所有折叠的代码。

进行部件的线缆连接时，一定要注意插头、插座的方向，防止损坏。

- 应用块注释：单击 按钮时，可对多行代码进行注释，块注释字符将被置于所选代码块的开头和结尾。
- 应用行注释：单击 按钮时，可在插入点处或所选多行代码中每一行的开头处添加单行注释标记。
- 删除注释：单击 按钮时，可从当前行或当前选择内容的所有行中删除注释标记。
- 显示/隐藏工具箱：单击 按钮时，可显示或隐藏"动作"工具箱。
- 帮助：单击 按钮时，可显示"脚本"窗格中所选 ActionScript 元素的参考信息。

　　将鼠标指针移到 按钮上，此时鼠标指针变为 标记，按住鼠标左键拖动即可调整动作分类窗口与脚本对象窗口的大小。

　　ActionScript 1.0&2.0：ActionScript 1.0&2.0 比 ActionScript 3.0 更容易学习。尽管 Flash Player 运行 ActionScript 1.0& 2.0 代码比 ActionScript 3.0 代码的速度慢，但 ActionScript 1.0&2.0 对于许多计算量不大的项目仍然十分有用，所以 Adobe Flash CS6 中仍然保留该版本。

10.2　认识"动作"面板

　　动画中的关键帧、按钮和影片剪辑元件所具有的交互性功能，都是由 ActionScript 函数来实现的。ActionScript 函数也就是人们常说的 Flash 中的"动作"，所有的动作语句都是通过"动作"面板来统一管理的。

■■书盘互动指导■■

⊙　示例	⊙　在光盘中的位置	⊙　书盘互动情况
	10.2　认识"动作"面板 　　1. 跳转语句 　　2. 加载变量	本节主要带领大家全面认识"动作"面板，在光盘 10.2 节中有相关内容的操作视频，并特别针对本节内容设置了具体的实例分析。 大家可以在阅读本节内容后再学习光盘，以达到巩固和提升的效果。

10.2.1　跳转语句

　　跳转语句包括转到并停止语句和转到并播放语句两种，下面就对这两种语句进行具体介绍。

1. 转到并停止语句

　　转到并停止语句是"gotoAndStop();"，添加到动画帧中、影片剪辑或按钮元件中，如图 10-13

在 Flash 文件中，除可对关键帧、按钮元件添加 ActionScript 脚本外，还可为影片剪辑元件添加 ActionScript 基本。

所示为"清除"按钮的脚本语句。

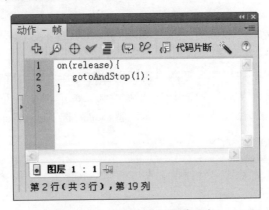

图 10-13　清除按钮的脚本语句

2. 转到并播放语句

转到并播放语句是"gotoAndPlay();"，添加到动画帧中、影片剪辑或按钮元件中，如图 10-14 所示为"转到第 10 帧"按钮的脚本语句。

图 10-14　转到并播放语句

知识补充

转到并播放语句是指转到目标帧后，从目标帧开始播放动画。在"gotoAndStop();"的小括号内可指定转到的目标帧号。

10.2.2　加载变量

使用 LoadVariables 命令，可以从外部文件读入数据，如加入文本文件，加入由 CGI 脚本生成的文本、ASP、PHP 或 PERL 脚本，如图 10-15 所示。

loadVariables 命令的语法格式如下。

```
loadVariables ("url",level/"target"[, variab-les]);
```

装机时，插头与插座一定要完全接触。

图 10-15 LoadVariables 命令

知识补充

代码解释:

加载文本信息到主时间轴中。文本字段的变量名必须与 dat.txt 文件中的变量名匹配。

10.2.3 转到 Web 页

当用户单击某个按钮时，即可跳转到指定的 Web 页中去，通过使用 getURL 命令来选择链接的绝对路径和相对路径。如图 10-16 所示。

图 10-16 getURL 命令

getURL 语句的语法格式如下。

```
getURL("URL", Window, method);
```

在 getURL("URL",Window,method)语句中，各参数的含义如下。

- URL: 可从该处获取文档。
- Window: 指定应将文档加载到其中的窗口或 HTML 页。
- method: 用于发送变量的 GET 或 POST 方法。

知识补充

使用此语句同样可链接到指定的邮箱中，如 getURL("mailto:helpkj@163.com")。GET 方法将变量追加到 URL 的末尾，其用于发送少量的变量。而 POST 方法是在单独的 HTTP 标头中发送变量，其用于发送大量的变量。

10.2.4 停止所有声音的播放

若将当前播放的所有声音停止播放，但不停止动画的播放，可使用"stopAllSounds();"语句，其代码如图 10-17 所示。

图 10-17　所有声音停止播放语句

10.2.5 控制影片的播放和停止

默认情况下，影片都是自动播放的，若需要对已停止的影片添加播放控制语句"play();"，一般应将该语句添加给按钮元件。如图 10-18 所示为"继续"按钮的播放控制语句。

图 10-18　"继续"按钮的播放控制语句

停止语句"stop();"可放在动画的任意位置，文件播放到"stop();"语句时，动画就会相应的停止播放。

如图 10-19 所示为某一帧的脚本，当动画播放到该帧时，就会自动停止动画。

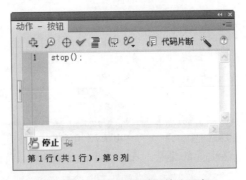

图 10-19　播放到帧时的停止语句

组装好电脑硬件后，还需要进行测试，看硬件是否工作正常，如果一切正常，则可以将机箱的侧面板安装上，完成安装工作。

对于普通的动画，不需添加 "play();" 语句也会自动播放。

10.2.6　加载或卸载外部影片剪辑

当制作交互动画时，经常在播放当前影片时再播放另一个电影，或在多个影片之间进行切换，可使用 loadMovie 和 unloadMovie 命令。如图 10-20 所示。

图 10-20　loadMovie 命令

loadMovie 命令的语法格式如下。

```
loadMovie("URL",target [, method])
```

在 loadMovie("URL",target [, method])语句中，各参数的含义如下。

- URL：要加载的 SWF 文件或 JPEG 文件的绝对或相对 URL(路径)。
- target：指目录影片的路径。
- method：可选参数，指定用于发送变量的 HTTP 方法。该参数必须是字符串 GET 或 POST。
为影片剪辑元件添加动作的具体操作步骤如下。

❶ 启动 Flash CS6，新建一个 ActionScript 2.0 蓝色空白文档，如图 10-21 所示。

❷ 按 Ctrl+F8 组合键，新建一个名为 "时间" 的影片剪辑元件。选择 "矩形" 工具，在舞台中绘制一个圆角矩形，如图 10-22 所示。

图 10-21　新建蓝色空白文档

图 10-22　新建影片剪辑元件

ActionScript 脚本语言允许用户向应用程序添加复杂的交互性、回放控制和数据显示。

③ 新建图层 2，选择"文本"工具，在绘制的矩形上输入文本"12:59:59"，如图 10-23 所示。

④ 按 Ctrl+F3 组合键打开"属性"面板，设置文本类型为"动态文本"，设置文本属性，输入变量名为"时间"，如图 10-24 所示。

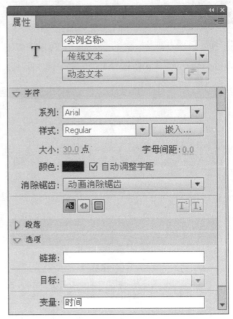

图 10-23　"文本"工具　　　　　　　　　图 10-24　"属性"面板

⑤ 新建图层 3，选中图层 3 的第 1 帧，按 F9 键打开"动作"面板。

⑥ 在"动作"面板中输入如下脚本，如图 10-25 所示。

⑦ 选中所有图层的第 2 帧，按 F5 键插入帧，如图 10-26 所示。

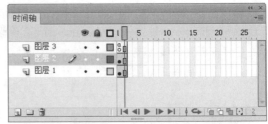

图 10-25　输入脚本　　　　　　　　　　图 10-26　插入帧

⑧ 返回到场景舞台，按 Ctrl+L 组合键打开"库"面板，将"时间"元件拖动到场景中，如图 10-27 所示。

⑨ 按 Ctrl+S 组合键保存该文档为"时间表"，按 Ctrl+Enter 组合键测试影片，如图 10-28 所示。

Windows 操作系统通常会默认安装显卡驱动程序，对于没有内置的显卡驱动程序，系统会默认安装基本显示驱动程序。

图 10-27　元件拖动到场景中

图 10-28　最终效果图

10.2.7　Flash 播放器控制语句

制作完成的 Flash 影片通常都是在 Flash 播放器中播放，用户可通过 fscommand 语句完成此任务，比如控制影片的全屏幕播放、菜单的显示与否、播放窗口的缩放以及调用外部程序等。如图 10-29 所示。

图 10-29　fscommand 语句

fscommand 语句的语法格式如下。

```
fscommand("命令", "参数")
```

fscommand 命令中包含两个参数项，一个是可以执行的命令，另一个是执行命令的参数，各项命令及参数如下。

- Quit 命令：关闭影片播放器。
- Fullscreen 命令：用于控制是否让影片播放器成为全屏播放模式。
- Allowscale 命令：false 让影片画面始终以 100% 的方式呈现，不会随着播放器窗口的缩放而跟着缩放，若选择 true 参数，则正好相反。
- Showmenu 命令：参数 true 代表当用户在影片画面上右击时，可以弹出全部命令的快捷菜单，参数 false 则表示命令菜单里只显示 "About Shockwave" 信息。

在 Flash 中，测试场景的快捷键是 Ctrl+Alt+Enter。

10.3 ActionScript 结构语句

在 Flash ActionScript 脚本中常用的结构程序执行方式有三种：顺序执行、条件控制及循环控制，这三种方式是 Flash 编程中较简单也是最常用的。

■■书盘互动指导■■

⊙ 示例	⊙ 在光盘中的位置	⊙ 书盘互动情况
	10.3 ActionScript 结构语句 1. 顺序执行 2. 条件控制 3. 循环控制	本节主要带领大家全面学习 ActionScript 结构语句，在光盘 10.3 节中有相关内容的操作视频，并特别针对本节内容设置了具体的实例分析。 大家可以在阅读本节内容后再学习光盘，以达到巩固和提升的效果。

10.3.1 顺序执行

顺序执行就是程序一条一条往下执行，不会跳转，执行顺序只跟代码排列的先后顺序有关。

顺序执行语句在 Flash 中是用得最多的语句，其功能相当于给变量赋值、设置对象的属性等一些简单功能。

例如，在"动作"窗口中输入代码(见图 10-30)，将显示输出的结果，如图 10-31 所示。

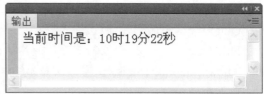

图 10-30 动作窗口中输入代码　　　　图 10-31 输出的结果

10.3.2 条件控制

条件转移方式主要是通过条件判断语句(if)来完成。在 if 语句中，当条件成立时，执行"代

使用 LoadVariables 命令，可以从外部文件读入数据，如加入文本文件、由 CGI 脚本生成的文本、ASP、PHP 或 PERL 脚本。

码行系列 1"，否则执行"代码行系列 2"，语法格式如下。

```
if (条件判断语句){
代码行系列 1
} else {
代码行系列 2
}
```

条件语句在实际运用中的具体步骤如下。

❶ 打开 Flash CS6，新建一个 ActionScript 2.0 空白文档。

❷ 使用"文本"工具拖出一个文本框。如图 10-32 所示。

❸ 按 Ctrl+F3 组合键打开"属性"面板，将其文本类型修改为"输入文本"，在"消除锯齿"下拉列表框中选择"使用设备字体"选项，并单击"在文本周围显示边框"按钮。如图 10-33 所示。

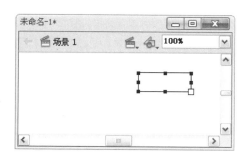

图 10-32　创建文本框

图 10-33　属性面板

❹ 新建一个"球"图形元件，在其中绘制一个小球。将该元件转换为"小球"影片剪辑元件，在第 10 帧插入关键帧，将球移到原位置之上，在第 20 帧插入关键帧，将球移到原位置右侧，为小球做向上弹起又落下动画，如图 10-34 所示。

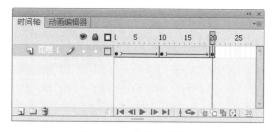

图 10-34　影片剪辑元件

❺ 返回到场景舞台，将"小球"元件放到场景舞台中，如图 10-35 所示。打开"属性"面板并更改其实例名称为"bug"，如图 10-36 所示。

手动安装显卡的步骤比较烦琐，但其有点在于安装的内容少，节约磁盘空间，利于文件数据的管理。

图 10-35　返回到场景舞台

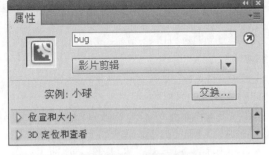

图 10-36　属性面板

⑥ 新建一个按钮元件，将该按钮元件拖到场景舞台中，如图 10-37 所示。

⑦ 选中该按钮，按 F9 键打开"动作"面板，输入如下脚本，并单击"自动套用格式"按钮套用格式，如图 10-38 所示。

图 10-37　新建按钮元件

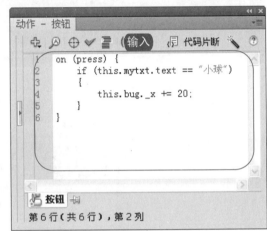

图 10-38　输入脚本

⑧ 按 Ctrl+Enter 组合键测试影片，如图 10-39 所示。

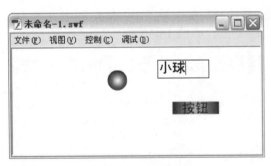

图 10-39　最终效果图

知识补充 ⭐

通过测试可以看出，只要输入文本为"小球"，就执行语句命令，否则什么都不执行。

电脑小百科

While 循环是先判断条件，然后再去执行相关的语句。

10.3.3　循环控制

在 Flash 的程序编制过程中，经常会出现一些重复语句需要在一起执行或者某些类似属性需要一起控制等情况，这时就需要利用循环控制语句来解决问题。

Flash 中循环语句大致可分为三种：for 语句、while 语句和 do while 语句。

下面通过例子来讲解三个循环语句的区别。

1. 新建一个名为"循环语句的用法"的 ActionScript 2.0 空白文档。
2. 在场景中制作蓝色按钮和子弹元件，再复制 8 个子弹，并为各子弹更改其实例名称为 zidan1 到 zidan9。
3. 在子弹下用线条工具绘制一根直线。在每个按钮下用文本工具输入数字 1 到 6，如图 10-40 所示。
4. 在第 1 帧上添加如下代码，将 9 个子弹放到数组子弹里，如图 10-41 所示。

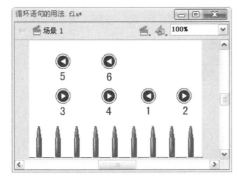

图 10-40　制作蓝色按钮和子弹元件

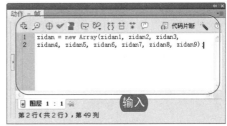

图 10-41　添加代码

5. 选中按钮 1，在其上添加如下代码，含义为枚举 zidan 数组，将 zidan 数组里每个元素的角度减去 90°，如图 10-42 所示。
6. 为按钮 2 添加如下代码，如图 10-43 所示。

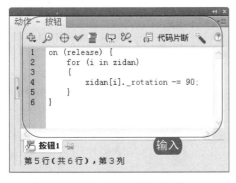

图 10-42　按钮 1 添加代码

图 10-43　按钮 2 添加代码

7. 在按钮 3 上添加如图 10-44 所示的代码。在按钮 4 上添加如图 10-45 所示的代码。在按钮 5 上添加如图 10-46 所示的代码。在按钮 6 上添加如图 10-47 所示的代码。
8. 按 Ctrl+Enter 组合键测试影片。按下不同的按钮，子弹会转到不同的方向，如图 10-48 所示。

用户在购买显卡时，随显卡一般都附送驱动程序安装光盘，可使用该光盘自动安装显卡驱动程序，这种方法比较简单，但有时会附带安装一些额外的软件。

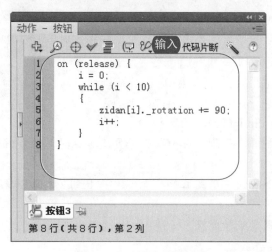

动作 - 按钮
输入
代码片断
on (release) {
i = 0;
while (i < 10)
{
zidan[i]._rotation += 90;
i++;
}
}
按钮3
第 8 行（共 8 行），第 2 列

图 10-44　按钮 3 添加代码

动作 - 按钮
输入
代码片断
on (release) {
i = 0;
while (i < 10)
{
zidan[i]._rotation += 90;
i++;
if (i == 5)
{
break;
}
}
}
按钮4
第 12 行（共 12 行），第 2 列

图 10-45　按钮 4 添加代码

动作 - 按钮
输入
代码片断
on (release) {
i = 0;
do
{
zidan[i]._rotation -= 90;
i++;
} while (i < 10);
}
按钮5
第 8 行（共 8 行），第 2 列

图 10-46　按钮 5 添加代码

动作 - 按钮
输入
on (release) {
i = 0;
do
{
zidan[i]._rotation -= 90;
i++;
} while (i < 0);
}
按钮6
第 8 行（共 8 行），第 2 列

图 10-47　按钮 6 添加代码

循环语句的用法.swf
文件(F)　视图(V)　控制(C)　调试(D)
5
6
3
4
1
2

图 10-48　最终效果图

电脑小百科

While 后面的执行条件可以是常量、变量或表达式，但循环次数必须限制在 20000 此以内，否则 Flash 将不再执行循环体内的其他代码。

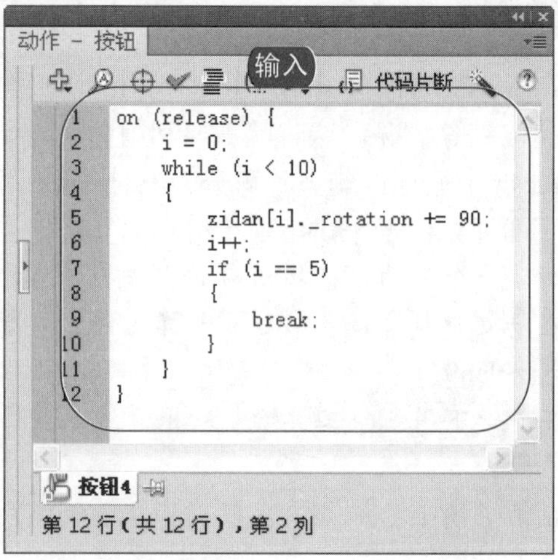

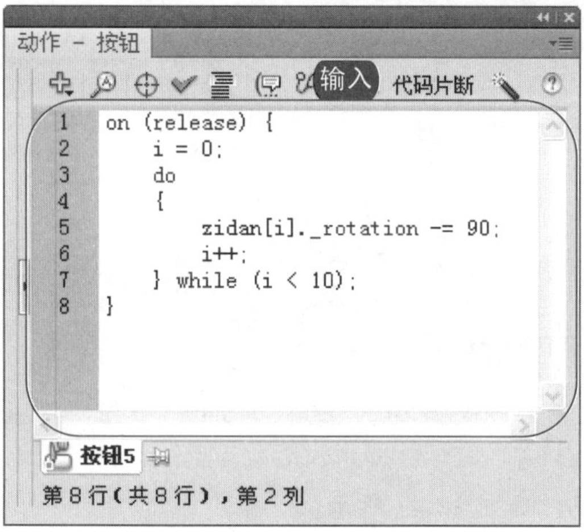

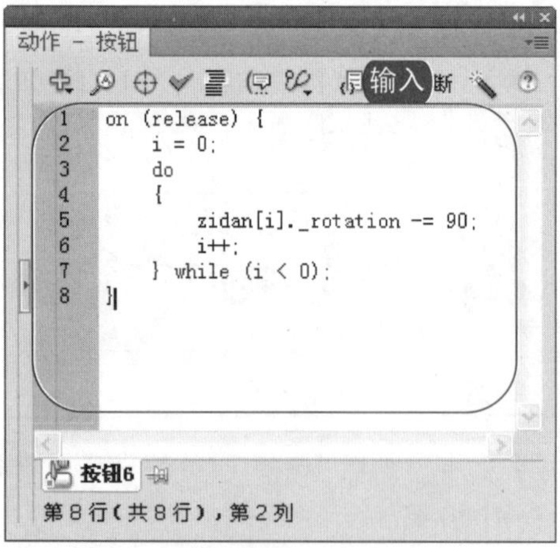

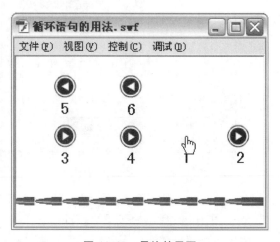

知识补充 ★

　　For 循环的这种用法，不但适用于数组，同时适用于枚举自定义对象、影片剪辑元件等内容的属性，但是有些属性比如_x, _y 等是不能被枚举出来的。具体情况在用到的时候请根据需要自行把握。

　　Do...while 和 while 语句类似，只是 while 判断放到了循环的最后。

　　Do...while 和 while 语句的区别在于，do...while 不管循环条件是否满足，循环体至少会执行一次。

10.4　为关键帧添加动作

　　当动画播放到某一关键帧时，可执行相应的 ActionScript 脚本，向关键帧添加动作方法如下。

■■书盘互动指导■■

⊙ 示例	⊙ 在光盘中的位置	⊙ 书盘互动情况
	10.4　为关键帧添加动作	本节主要带领大家全面学习为关键帧添加动作，在光盘 10.4 节中有相关内容的操作视频，并特别针对本节所学设置了具体的实例分析。 大家可以在阅读本节内容后再学习光盘，以达到巩固和提升的效果。

❶ 选择"文件"→"打开"命令，打开要添加脚本的动画文件。

❷ 在"时间轴"中新建"脚本层"，在第 20 帧按 F6 键插入关键帧，如图 10-49 所示。

❸ 选中第 20 帧，按 F9 键打开"动作"面板。在动作面板中输入如下 ActionScript 脚本，如图 10-50 所示。

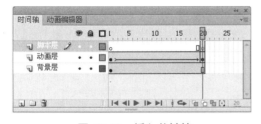

图 10-49　插入关键帧

图 10-50　输入 ActionScript 脚本

❹ 单击"语法检查"按钮 ✔ 确认输入的脚本是否正确。

❺ 按 Ctrl+S 组合键保存动画。按 Ctrl+Enter 组合键测试动画，用户可以看到，当动画播放完成

　　安装程序的增多会明显拖累电脑的运算速度，如果希望禁止普通用户随意对软件进行安装卸载，可以将计算机中的"添加/删除程序"选项隐藏。

后就会自动停止。

知识补充

当在关键帧上添加 ActionScript 脚本后，关键帧上就会显示一个小写字母 "a"，如 和 就是添加 ActionScript 脚本后的关键帧效果。

10.5 为按钮元件添加动作

当用户在播放动画的过程中，如果需要暂停，或是将已暂停的动画继续播放，则可通过按钮元件来进行控制。

━━书盘互动指导━━

⊙ 示例	⊙ 在光盘中的位置	⊙ 书盘互动情况
	10.5 为按钮元件添加动作 1. 创建按钮元件 2. 添加停止动画动作 3. 添加播放按钮动作	本节主要带领大家全面学习为按钮元件添加动作，在光盘 10.5 节中有相关内容的操作视频，并特别针对本节内容设置了具体的实例分析。大家可以在阅读本节内容后再学习光盘，以达到巩固和提升的效果。

跟着做 1 ☞ 创建按钮元件

在为按钮元件添加动作之前要先有按钮才行，创建按钮元件的具体步骤如下。

❶ 选择 "文件" → "打开" 命令，打开 "飞鸟" 动画文件。将文件脚本更改为 ActionScript 2.0，如图 10-51 所示。

❷ 在 "时间轴" 中新建 "脚本层"，在第 20 帧按 F6 键插入关键帧，如图 10-52 所示。

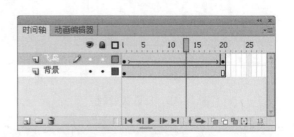

图 10-51　脚本更改为 ActionScript 2.0　　　　图 10-52　新建 "脚本层"

在 Flash 中，消除文字锯齿的快捷键是 Ctrl+Alt+Shift+A。

❸ 在场景中选中"飞鸟"元件,按 Ctrl+F3 组合键打开"属性"面板,将其"实例名称"命名为 niao,如图 10-53 所示。

❹ 新建图层,并命名为"按钮",如图 10-54 所示。

图 10-53 输入实例名称

图 10-54 新建图层

❺ 选择"窗口"→"公用库"→"按钮"命令,打开"库-buttons"面板。在"库-buttons"面板中选择一个按钮,将其拖动到舞台中,如图 10-55 所示。

❻ 按 Ctrl+L 组合键打开"库"面板,将新增的按钮元件重命名"播放",如图 10-56 所示。

图 10-55 库面板

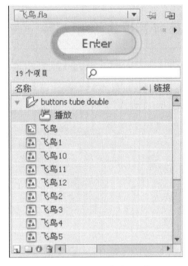

图 10-56 重命名元件

❼ 双击"播放"按钮进入按钮编辑舞台,在图层"text"的"弹起"帧中更改按钮文字为"播放",并设置其字体和颜色,如图 10-57 所示。

❽ 分别在"指针经过"帧和"按下"帧中插入关键帧,并更改字体颜色,如图 10-58 所示。

图 10-57 编辑"播放"按钮

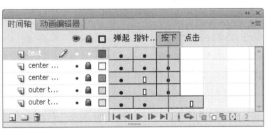

图 10-58 插入关键帧

电脑中如果设置有多个用户账户的时候,为了维护注册表的安全,防止普通用户对注册表进行随意修改,需要设置不同类型用户对注册表的访问权限。

⑨ 在"库"面板中右击"播放"按钮元件,在弹出的快捷菜单中选择"直接复制"命令,并命名为"暂停"。用同样的方法设置"暂停"按钮,如图 10-59 所示。

图 10-59 "直接复制"命令

⑩ 将"库"面板中的播放和暂停按钮元件拖动到场景中。

跟着做 2☞ 添加停止动画动作

在添加按钮脚本之前,先要控制动画,使之不自动播放,具体操作步骤如下。

① 单击飞鸟所在图层的关键帧。

② 按 F9 键打开"动作"面板,输入如下动作脚本,如图 10-60 所示。

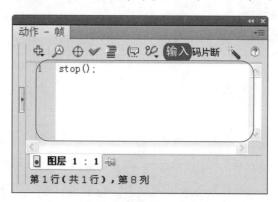

图 10-60 输入动作脚本

跟着做 3☞ 添加播放按钮动作

控制了动画后就可以为按钮添加动作脚本了,具体步骤如下。

① 在场景中选中"播放"按钮。按 F9 键打开"动作"面板,输入如下动作脚本,如图 10-61 所示。

② 单击"自动套用格式"按钮 套用格式。在场景中选中"暂停"按钮。

③ 按 F9 键打开"动作"面板,输入如下动作脚本,并单击"自动套用格式"按钮套用格式,如图 10-62 所示。

循环中的边界值是最容易出错的,如经常会因为边界值少循环或者多循环一次,从而使得程序发生不可预料的结果,这也是在编程时需要特别注意的。

图 10-61　输入动作脚本

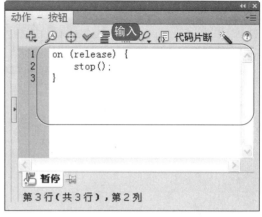

图 10-62　输入下动作脚本

按 Ctrl+S 组合键保存动画，按 Ctrl+Enter 组合键测试动画，如图 10-63 所示。

图 10-63　最终效果图

 知识补充

　　要为按钮元件添加动作脚本，就必须在 ActionScript 2.0 下进行，ActionScript 3.0 下不能对按钮动作进行编辑。在播放界面中单击"播放"按钮即可播放动画；在播放界面中单击"暂停"按钮即可停止播放动画。所有按钮动作必须包括在 "on () {" 与 "}" 之间，在 "()" 内的是触发事件。若未选择关键帧，则无法在场景中进行选择或编辑任何对象。

10.6　应用实例：计算方程式

　　在学习了 Flash ActionScript 脚本的基本知识过后，使用户掌握了动作脚本的添加方法，以及部分的函数和语法，下面通过一个计算方程式的例子来进一步掌握 ActionScript 脚本的应用，其

　　液晶显示屏耗电量很大，使用时以视觉舒服为准，尽量将亮度调到可以接受的最低程度。

实脚本使用也不会很麻烦，只要有耐心，肯定能完成。

■■书盘互动指导■■

⊙ 示例	⊙ 在光盘中的位置	⊙ 书盘互动情况

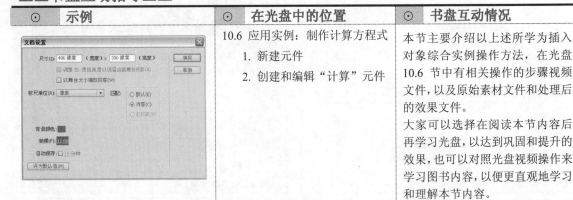	10.6 应用实例：制作计算方程式
	
	  1. 新建元件
	
	  2. 创建和编辑"计算"元件
		本节主要介绍以上述所学为插入对象综合实例操作方法，在光盘 10.6 节中有相关操作的步骤视频文件，以及原始素材文件和处理后的效果文件。
		大家可以选择在阅读本节内容后再学习光盘，以达到巩固和提升的效果，也可以对照光盘视频操作来学习图书内容，以便更直观地学习和理解本节内容。

制作计算方程式通过下面的操作步骤来实现。

跟着做 1 ➥ 新建文件

新建文件的具体操作步骤如下。

❶ 新建"计算方程式"Flash 文档。

❷ 按 Ctrl+J 组合键打开"文档设置"对话框，如图 10-64 所示。

❸ 设置文档尺寸为 400 像素 × 300 像素，设置"背景颜色"为"粉红色"(#FFCCFF)。

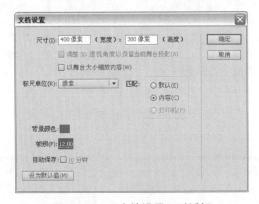

图 10-64 "文档设置"对话框

跟着做 2 ➥ 创建和编辑"计算"元件

创建和编辑"计算"元件的具体操作步骤如下。

❶ 按 Ctrl+F8 组合键。

❷ 新建"计算"按钮元件，如图 10-65 所示。

❸ 进入"计算"按钮元件编辑区。

❹ 编辑"弹起"帧，"指针经过"帧和"按下"帧，如图 10-66 所示。

从笔记本电脑上拔掉暂时不用的外设，尽量关闭当前不使用的程序，这样也可以节省电量。

图 10-65 新建按钮元件

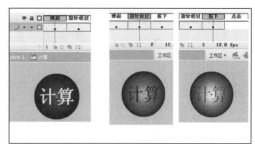

图 10-66 编辑帧

跟着做 3 创建和编辑"清除"元件

创建和编辑"清除"元件的具体操作步骤如下。

1 按 Ctrl+F8 组合键。新建"清除"按钮元件，如图 10-67 所示。

2 进入"清除"按钮元件编辑区。

3 编辑"弹起"帧，"指针经过"帧和"按下"帧，如图 10-68 所示。

图 10-67 新建元件

图 10-68 编辑帧

跟着做 4 创建和编辑"显示"元件

1 按 Ctrl+F8 组合键。

2 新建"显示"图形元件，如图 10-69 所示。

3 进入"显示"图形元件编辑区，如图 10-70 所示。

图 10-69 新建元件

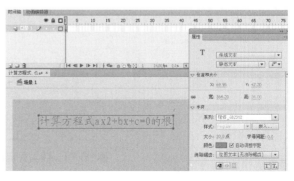

图 10-70 编辑元件

在拖入"控制"影片剪辑元件时，应在"属性"面板中将其实例名称修改为"incorrect"。

④ 在"工具箱"中选择"文本"工具 T，在"属性"面板中设置文本的属性，如图 10-70 所示。

⑤ 在舞台上输入文本，将文本对象置于舞台的中央位置。

跟着做 5 创建和编辑"控制"元件设置脚本

创建和编辑"控制"元件设置脚本的具体操作步骤如下。

① 按 Ctrl+F8 组合键。

② 新建"控制"影片剪辑元件，如图 10-71 所示。

③ 进入"控制"影片剪辑元件编辑区。

④ 选择第 1 帧。

⑤ 按 F9 键打开"动作"面板，在"动作"面板中输入语句，如图 10-72 所示。

图 10-71　新建元件　　　　　　　图 10-72　输入动作脚本

⑥ 选择第 2 帧，并按 F6 键插入关键帧，如图 10-73 所示。

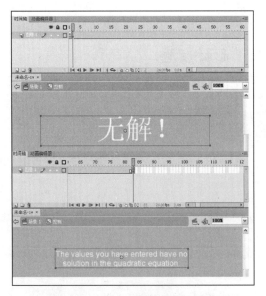

图 10-73　插入关键帧及输入文本

⑦ 使用"文本"工具 T 在舞台上输入文字，将其置于舞台的中央位置，如图 10-73 所示。

使用笔记本电脑电源管理功能，将有助于节省电池电量。

⑧ 选择第 83 帧，并按 F6 键插入关键帧，如图 10-73 所示。

⑨ 使用 "文本" 工具 T 在舞台上输入文字，将其置于舞台的中央位置，如图 10-73 所示。

⑩ 选择第 83 帧，如图 10-74 所示。

⑪ 按 F9 键打开 "动作" 面板，在 "动作" 面板中输入语句，如图 10-74 所示。

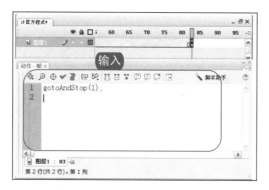

图 10-74 输入动作脚本

跟着做 6 ☞ 设置脚本

设置脚本的具体操作步骤如下。

① 按 Ctrl+E 组合键返回主场景。

② 按 F9 键打开 "动作" 面板，在 "动作" 面板中输入语句，如图 10-75 所示。

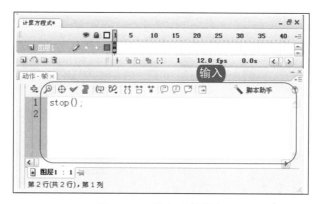

图 10-75 输入动作脚本

跟着做 7 ☞ 放置元件

放置元件的具体操作步骤如下。

① 打开 "库" 面板，将 "显示" 元件拖入舞台中，如图 10-76 所示。

② 将 "计算" 和 "清除" 元件拖入舞台中，如图 10-76 所示。

③ 将 "控制" 元件拖入舞台中，如图 10-76 所示。

GIF 是用较少的颜色创建简单的小型图像的最佳工具。但是，如果想导出又清晰又不受限制的图像，那么 JPEG 则是首选。

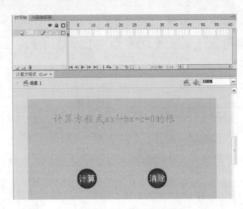

图 10-76　元件拖入舞台

跟着做8☞　设置文本

设置文本的具体操作步骤如下。

❶ 选择"文本"工具，在舞台上输入 3 个静态文本，在舞台上输入两个静态文本，如图 10-77 所示。

❷ 选择"文本"工具，在"属性"面板中设置文本类型为"输入文本"，如图 10-78 所示。

❸ 设置文本的字体、字号及颜色，单击"在周围显示边框"按钮，如图 10-78 所示。

❹ 在舞台中输入 3 个"输入文本"，如图 10-78 所示。

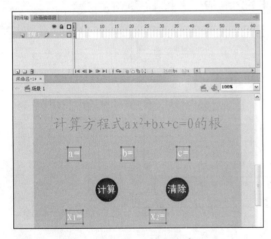

图 10-77　输入文本

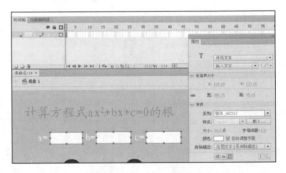

图 10-78　文本设置

跟着做9☞　输入脚本

输入脚本的具体操作步骤如下。

❶ 按 Ctrl+R 组合键打开"导入"对话框，导入所需要。

❷ 在舞台上选择"清除"按钮元件，按 F9 键打开"动作"面板，输入代码，如图 10-79、图 10-80 所示。

对于新笔记本电脑电池，建议用户进行测试的时间在 15～20 分钟，这样才能较为准确地测定电池的实际使用时间。

图 10-79　输入动作脚本　　　　　图 10-80　输入动作脚本

跟着做 10☛　导入并放置图片

导入并放置图片的具体操作步骤如下。

❶ 按 Ctrl+R 组合键打开"导入"对话框，导入所需要的图片，如图 10-72 所示。

❷ 在舞台中选择图片，单击"修改"菜单，选择"排列"子菜单，选择"移至底层"命令，则图片置于最底层，如图 10-82 所示。

图 10-81　导入图片

图 10-82　修改图片位置

跟着做 11☛　设置图片并测试

设置图片并测试的具体操作步骤如下。

❶ 在舞台中选择图片在"属性"面板中设置尺寸宽度为 400 像素。

❷ 打开"对齐"面板，将图片置于舞台中央位置，如图 10-83 所示。

❸ 在主工具栏中单击"保存"按钮，按 Ctrl+Enter 组合键进行测试，如图 10-84 所示。

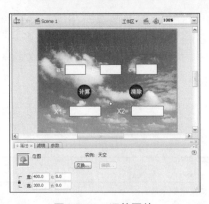

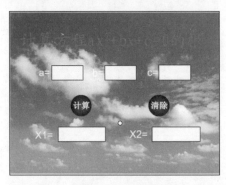

图 10-83　调整图片　　　　　　　　　　图 10-84　显示效果

学 习 小 结

　　本章主要介绍了 Flash 的 ActionScript 脚本，包括"动作"面板的打开与认识、函数的添加方法、影片的播放与停止控制、跳转语句以及 Web 页的链接等。

　　通过本章的学习，为用户进行各种交互动画及复杂动画的制作打下了坚实的基础，但还应该多掌握该脚本的函数及各种应用技巧。

　　下面对本章的重点做个总结。

　　(1) 动画中的关键帧、按钮和影片剪辑元素所具有的交互性功能，都是由 ActionScript 函数来实现的。

　　(2) 变量可以用于记录和保存用户的操作信息、输入的资料，记录动画播放时间剩余时间，或用于判断条件是否成立等。变量主要用于存储信息，可以分为逻辑变量、数值型变量、字符串变量。

互 动 练 习

1．选择题

(1) 要输入 ActionScript 脚本语句，应在(　　)中输入。

　　A．"属性"面板　　　　　　B．"动画"面板　　　　　　C．"行为"面板

(2) 当单击某按钮时，可将其转接到 Web 页面中去，其语句是(　　)。

　　A．getURL　　　　　　　B．fscommand　　　　　　C．loadMovie

2．填空题

(1) 在进行影片控制过程中，播放影片的语句是＿＿＿＿，停止影片的句语是＿＿＿＿。

(2) 在 ActionScript 结构语句中主要包括 3 种结构语句，即顺序执行、＿＿＿＿和循环控制。

3．上机题

(1) 打开"动作"面板，并熟练操作该面板。

(2) 制作一个按钮，当单击该按钮时，将链接到"网易"网站上去。

锂电池的充放电次数一般不超过 800 次，每充一次电，它就缩短一次的寿命。

完美互动手册

第 11 章

Flash 特效应用

本章导读

　　Flash CS6 的特殊效果包括滤镜和混合模式。使用滤镜可以为文本、按钮和影片剪辑添加视觉效果；使用混合模式可以创建复合图像。通过各种滤镜的操作，能够加快用户对文本、按钮和影片剪辑的制作速度；通过时间轴特效的操作，能够加快常用动画的制作速度。

　　本章主要介绍 Flash CS6 中滤镜效果的应用、混合模式的使用等，让用户在制作 Flash 动画时，能够变化出更多不同的效果，使 Flash 更加生动。

精
彩
看
点

- 滤镜效果
- 编辑动画预设

- 混合模式

11.1　添加滤镜效果

在 Flash CS3 中，对对象添加滤镜效果的方法是通过"滤镜"面板中的"添加滤镜"按钮 来完成的。

■■书盘互动指导■■

⊙　示例	⊙　在光盘中的位置	⊙　书盘互动情况
	11.1 添加滤镜效果 　　1. 投影 　　2. 模糊 　　3. 发光	本节主要带领大家全面学习添加滤镜效果的操作，在光盘 11.1 节中有相关内容的操作视频，并特别针对本节内容设置了具体的实例分析。大家可以在阅读本节内容后再学习光盘，以达到巩固和提升的效果。

11.1.1　投影

应用"投影"滤镜可以模拟对象产生一个表面投影的效果，选择"投影"滤镜的"隐藏对象"选项，可以通过倾斜对象的投影来创建更逼真的外观。

下面以文本"Help 科技"为例，讲解添加投影滤镜的具体操作步骤。

❶ 新建 Flash 文档，在"工具箱"中选择"文本"工具 **T**。

❷ 在"属性"面板中设置"文本类型"为"静态文本"，设置"字体"为"楷体_GB2312"、"大小"为 65、"颜色"为"白色"，在矩形上方输入"Help 科技"，如图 11-1 所示。

❸ 在舞台中将文本选中，选择"滤镜"选项卡，单击"添加滤镜"按钮，在弹出的快捷菜单中选择"投影"命令，如图 11-2 所示。

图 11-1　输入文本

图 11-2　"投影"滤镜

❹ 在"模糊 X"文本框中输入 10，在"模糊 Y"文本框中输入 8，在"距离"文本框中输入 10，如图 11-3 所示。

电脑小百科

为了过滤掉硬盘、光盘和 CPU 风扇所产生的干扰信号的影响，可以缩短 IDE 接口电缆线和 CPU 风扇的电源线。

⑤ 单击"颜色"按钮，打开"颜色"面板，并且选择阴影颜色为"黑色"(#000000)，如图 11-4 所示。

图 11-3　投影设置

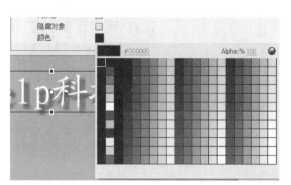

图 11-4　颜色设置

⑥ 在舞台中将文本选中，双击"强度"文本框，设置值为 150%，如图 11-5 所示。

⑦ 在舞台中将文本选中，在"滤镜"面板中的"角度"文本框中设置角度为 60°，如图 11-6 所示。

图 11-5　投影设置

图 11-6　投影设置

⑧ 在舞台中将文本选中，选中"挖空"复选框，如图 11-7 所示。

⑨ 在舞台中将文本选中，选中"内阴影"复选框，如图 11-8 所示。

图 11-7　选中"挖空"复选框

图 11-8　选中"内阴影"复选框

电脑小百科

在进行对齐操作时，只有在选择两个以上的对象时才能进行对齐操作。

⑩ 在舞台中将文本选中，选中"隐藏对象"复选框，如图 11-9 所示。

图 11-9　选中"隐藏对象"复选框

知识补充 ★

在 Flash CS6 中，对对象添加滤镜效果的方法是通过"滤镜"面板中的"添加滤镜"按钮来完成的。滤镜效果只适用文本、影片剪辑和按钮。投影滤镜模拟对象，就是投影到一个表面的效果。激活"模糊 X、Y"后的"锁定"按钮，即可等距离地对 X 和 Y 方向进行模糊操作。在设置投影的角度时，还可单击角度选取器，在弹出的角度盘中拖动来设置其投影角度，其取值范围为 $1° \sim 360°$。使用"隐藏对象"可以更轻松地创建逼真的阴影。

11.1.2　模糊

模糊滤镜可以柔化对象的边缘和细节，将它应用于对象，可以使对象看起来好像位于其他对象的后面，或者使对象看起来有运动的效果。

下面讲解添加模糊滤镜的具体操作步骤。

❶ 在舞台中将文本选中，选择"滤镜"选项卡。

❷ 单击"添加滤镜"按钮，在弹出的菜单中选择"模糊"命令，如图 11-10 所示。

❸ 在舞台中将文本选中。

❹ 设置"模糊 X"和"模糊 Y"的值都为 10，设置"品质"为"低"，如图 11-11 所示。

图 11-10　模糊命令　　　　　　　　　　　　图 11-11　模糊设置

知识补充 ★

要打开"滤镜"面板，在"窗口"菜单的"属性"子菜单下选择"滤镜"命令，它一般同"属性"面板显示在一起。选择模糊的质量级别时，若设置为"高"，则近似于高斯模糊；若设置为"低"，可以实现最佳的回放性能。

电脑麦克风与声卡连线未使用屏蔽线或屏蔽接地不良，外界的高频干扰信号通过麦克风输入电路均会引起噪音。这时如果去下麦克风，噪音就会马上消失。

11.1.3　发光

在 Flash CS6 中，设置发光滤镜可以为对象的周边应用颜色，下面讲解添加斜角光滤镜的具体操作步骤。

1️⃣ 在舞台中将文本选中，选择"滤镜"选项卡。

2️⃣ 单击"添加滤镜"按钮，在弹出的菜单中选择"发光"命令，如图 11-12 所示。

3️⃣ 在舞台中将文本选中。

4️⃣ 设置"模糊 X"和"模糊 Y"的值都为 10，设置"强度"为 150%，如图 11-13 所示。

5️⃣ 设置颜色为"黑色"，设置"品质"为"低"。

图 11-12　发光命令

图 11-13　发光设置

11.1.4　斜角

在 Flash CS6 中，应用斜角滤镜就是向对象应用加亮效果，使其看上去凸出于背景表面，下面讲解添加发光滤镜的具体操作步骤。

1️⃣ 在舞台中将文本选中，选择"滤镜"选项卡。

2️⃣ 单击"添加滤镜"按钮，在弹出的菜单中选择"斜角"命令，如图 11-14 所示。

3️⃣ 在舞台中将文本选中。

4️⃣ 设置"模糊 X"和"模糊 Y"的值都为 10，设置"强度"为 190%，如图 11-15 所示。

5️⃣ 设置颜色为"红色"，设置"角度"为 60，设置"距离"为 5。

图 11-14　斜角命令

图 11-15　斜角设置

11.1.5　渐变发光

在 Flash CS6 中，"渐变发光"滤镜实际上就是对"发光"滤镜渐变效果的增强，下面讲解

若在"对齐"面板中激活"相对于舞台"按钮，则表示所选择的对象与舞台进行各种对齐操作。

添加渐变发光滤镜的具体操作步骤。

1 在舞台中将文本选中，选择"滤镜"选项卡。

2 单击"添加滤镜"按钮，在弹出的菜单中选择"渐变发光"命令，如图 11-16 所示。

3 在舞台中将文本选中。

4 设置"模糊 X"和"模糊 Y"的值都为 10，设置"强度"为 150%，如图 11-17 所示。

5 角度、距离和品质设置保持不变。

6 将左边颜色滑块的颜色设置为"白色"，将右边颜色滑块的颜色设置为"黑色"，如图 11-17 所示。

图 11-16　渐变发光命令

图 11-17　渐变发光设置

11.1.6　渐变斜角

在 Flash CS6 中，"渐变斜角"滤镜实际上就是对"斜角"滤镜渐变效果的增强，下面讲解添加渐变斜角滤镜的具体操作步骤。

1 在舞台中将文本选中，选择"滤镜"选项卡。

2 单击"添加滤镜"按钮，在弹出的菜单中选择"渐变斜角"命令，如图 11-18 所示。

3 在舞台中将文本选中。

4 设置"模糊 X"和"模糊 Y"的值都为 10，设置"强度"为 250%，如图 11-19 所示。

5 角度、距离和品质设置保持不变。

6 将左边颜色滑块的颜色设置为"红色"，将中间颜色滑块的颜色设置为"绿色"，将右边颜色滑块的颜色设置为"红色"，如图 11-19 所示。

图 11-18　渐变斜角命令

图 11-19　渐变斜角设置

11.1.7　调整颜色

在 Flash CS6 中，"调整颜色"滤镜可以调整对象的亮度、对比度、饱和度和色相，常用于

对于那些百元以下的廉价 ISA 声卡，即使不把音箱的音量调得很大，也很容易产生噪音。

改变按钮和影片剪辑的颜色，下面讲解调整颜色滤镜的具体操作步骤。

① 在舞台中将文本选中，选择"滤镜"选项卡。

② 单击"添加滤镜"按钮，在弹出的菜单中选择"调整颜色"命令，如图 11-20 所示。

③ 在舞台中将文本选中。

④ 设置"亮度"为 10，"对比度"为-15，"饱和度"为-10，"色相"为 30，如图 11-21 所示。

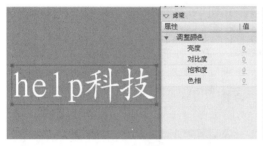

图 11-20　调整颜色命令

图 11-21　调整颜色设置

 知识补充

在设置各种滤镜参数时，可通过拖动水平滑块的方式来改变相应的值。

11.2　Flash CS6 混合模式

使用混合模式，可以混合重叠影片剪辑中的颜色，从而创造独特的效果。复合是改变两个或两个以上重叠对象的透明度或者颜色相互关系的过程。

■■■书盘互动指导■■■

⊙　示例	⊙　在光盘中的位置	⊙　书盘互动情况
	11.2 Flash CS6 混合模式 　　1. 应用混合模式 　　2. 混合模式的效果	本节主要带领大家全面学习 Flash CS6 的混合模式，在光盘 11.2 节中有相关内容的操作视频，并特别针对本节内容设置了具体的实例分析。 大家可以在阅读本节内容后再学习光盘，以达到巩固和提升的效果。

11.2.1　应用混合模式

要使用混合模式，在舞台上选择"影片剪辑"实例，然后在"属性"面板的"混合"下拉列表框中选择相应的混合模式即可，如图 11-22 所示。

将线条转换为填充就是将线条图形转换为填充的图形，从而可以对其进行形状的调整操作。

图 11-22 "属性"面板

11.2.2 混合模式的效果

混合模式有多种效果，下面分别解释每个混合模式的含义及效果。

- 正常：正常应用颜色，不与基准颜色发生交互，如图 11-23 所示。
- 图层：可以层叠各个影片剪辑，而不影响其颜色，如图 11-23 所示。
- 变暗：只替换比混合颜色亮的区域，比混合颜色暗的区域将保持不，如图 11-23 所示。
- 色彩增值：基准颜色与混合颜色复合，从而产生较暗的颜色，如图 11-23 所示。
- 变亮：只替换比混合颜色暗的像素。比混合颜色亮的区域将保持不变，如图 11-24 所示。
- 滤色：将混合颜色的反色与基准颜色复合，从而产生漂白效果，如图 11-24 所示。
- 叠加：复合或过滤颜色，具体操作需取决于基准颜色，如图 11-24 所示。
- 强光：复合或过滤颜色，具体操作需取决于混合模式颜色，该效果类似于用点光源照射对象，如图 11-24 所示。

图 11-23 混合模式效果

图 11-24 混合模式效果

- 差异：从基色减去混合色或从混合色减去基色，具体取决于哪一种的亮度值较大，该效果类似于彩色底片，如图 11-25 所示。
- 增加：通常用于在两个图像之间创建动画的变亮分解效果，如图 11-25 所示。
- 减去：通常用于在两个图像之间创建动画的变暗分解效果，如图 11-25 所示。

如果电脑播放 VCD 有声音，而播放 CD 无声，说明 CD-ROM 与声卡之间的音频信号连接线有故障。

● 反转：反转基准颜色，如图 11-25 所示。

图 11-25　混合模式效果

要应用混合模式，只能是按钮实例和影片剪辑实例。在应用混合模式时，要改变舞台背景的颜色，不同的背景颜色所应用出来的混合效果是有区别的。

11.3　动画预设的应用

在 Flash CS6 中可以通过最少的步骤来添加动画。可以将你做好的动画进行自定义预设，然后再在文件中使用它。可以使用文件中现有的动画预设，也可以将它作为学习如何在动作编辑里创建或修改动画的学习工具，或作为你学习动画的起点，因为当你应用动画预设后就可以任意修改动画了。

━━书盘互动指导━━

⊙　示例	⊙　在光盘中的位置	⊙　书盘互动情况
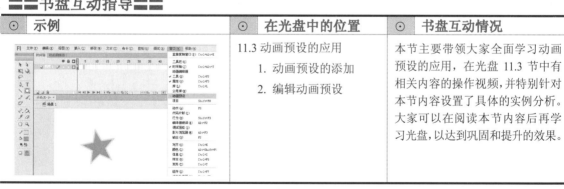	11.3 动画预设的应用 　1. 动画预设的添加 　2. 编辑动画预设	本节主要带领大家全面学习动画预设的应用，在光盘 11.3 节中有相关内容的操作视频，并特别针对本节内容设置了具体的实例分析。大家可以在阅读本节内容后再学习光盘，以达到巩固和提升的效果。

11.3.1　动画预设的添加

在舞台上选择元件对象，在"窗口"菜单中选择"动画预设"子菜单，然后在弹出动画预设

在绘制正多边形时，可通过鼠标的拖动来确定多边形的大小，还可确定多边形的角度。

框中选择相应的命令，即可向对象添加动画特效，如图 11-26 所示。

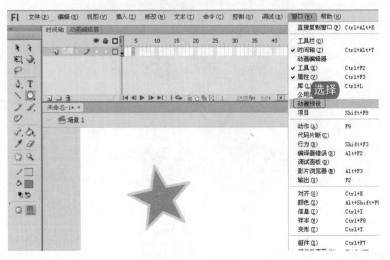

图 11-26　动画特效

此时 Flash CS6 将在元件所在图层创建补间动画。

下面将简单介绍动画预设的基本用法。

1 新建 Flash 文档，在"工具箱"中选择"多角星形"工具 。

2 在"属性"面板中选择工具设置下的"选项"按钮，在打开的对话框中设置"样式"为"星形"，如图 11-27 所示。

3 在舞台上绘制一个五角星，并转化为元件，如图 11-28 所示。

图 11-27　"工具设置"对话框

图 11-28　绘制五角星

4 打开"动画预设"对话框。如图 11-29 所示。

5 选中五角星元件，并选择"2D 放大"，如图 11-29 所示。

6 单击"应用"按钮。

7 在元件所在的图层就会自动添加补间动画，如图 11-30 所示。

选择"矩形"工具的快捷键是 R 键。

图 11-29　"动画预设"对话框　　　　　图 11-30　添加补间动画

你可以在可补间对象上应用动画预设(元件实例或文本字段)，或者应用于不可补间实例(需要包含在影片剪辑中)。动画预设里的动画含有动作路径、动画属性(2D 或 3D)、缓动，所有参数和缓动效果都包含在动画预设内，还有 transform center，但补间对象没有保存在预设中。动画预设使应用动画变得很简单：选择对象，选择一个动画预设，然后单击"应用"按钮。动画预设使对动画完全不了解的人也可以轻松地为一个 FLA 文件添加动画。

11.3.2　编辑动画预设

当需要对添加动画预设的对象进行编辑时，可选择动画编辑器，只须修改相应的参数即可，如图 11-31、图 11-32 所示。

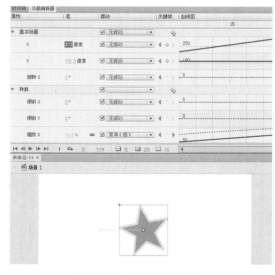

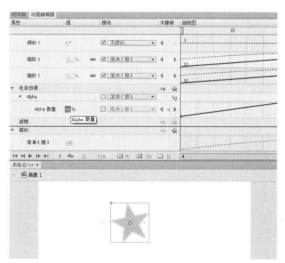

图 11-31　编辑动画预设　　　　　图 11-32　编辑动画预设

如果安装了声卡附带的音频处理软件，音量控制图标可能被这个软件屏蔽了。将这个软件反安装，就会出现音量图标。

知识补充 ★

在一个 FLA 文件中创建补间动画，然后在时间轴上补间的中间右击，或右击舞台上的实例，在弹出的快捷菜单中选择"另存为动画预设"命令，在对话框中为你的预设设定一个名字，然后单击"确定"按钮。当你创建了一个动画预设后，可以在任意 Flash 文档中的任意实例上应用此预设。

学 习 小 结

通过本章的学习，使用户掌握了在 Flash CS6 中操作滤镜、混合模式和动画预设的应用，以方便用户制作对象特效和动画效果。

同时，用户在学习本章时，还应掌握各种滤镜的综合应用、混合模式的不同设置和动画预设的需求编辑，从而能够制作出满足用户需求的动画。

互 动 练 习

1. 选择题

(1) 滤镜效果只适用文本、影片剪辑和(　　)。

 A．图片   B．按钮   C．元件

(2) 使用混合模式，可以混合重叠影片剪辑中的(　　)。

 A．颜色   B．图片   C．对象

2. 上机题

(1) 同时为文字对象添加发光和斜角滤镜效果。

(2) 将影片剪辑对象进行变暗混合模式。

(3) 将舞台上的对象进行动画预设的操作。

在使用"选择"工具对图形进行变形时，应按住 Ctrl 键。

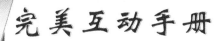

第 12 章

组件与按钮应用

本章导读

　　随着 Flash 技术的发展，Flash 组件技术也日趋成熟，功能得到了进一步地加强和扩展。通过使用 Flash 组件，可以方便地重复使用和共享代码，极大地提高了 Flash 用户的工作效率。按钮元件是所有互动影片中不可缺少的组成元素。按钮通过响应鼠标的动作而工作，常用于控制影片的播放。

　　本章主要介绍 Flash CS6 中几种常见的 Flash 组件应用技术和基本操作以及按钮的运用。通过本章的学习，并通过实战的应用分析巩固和强化理论操作，帮助读者快速了解一些常用组件和按钮的功能，并掌握它们的使用方法和技巧。

精彩看点

- 组件的分类
- 按钮的使用
- 掌握多种组件的使用
- 掌握 FLVPlayback 组件

12.1 组件

组件可以看作是设置了特定功能的影片剪辑元件，可以直接应用到影片中，在设置好需要的参数后，就可以完成特定的功能动作。

12.1.1 组件的分类

选择"窗口"→"组件"命令或按 Ctrl+F7 组合键都能打开"组件"面板。在 ActionScript 3.0 版本中，组件包含 Flex、User Interface 和 Video 这三大类，其中用得最多的是 User Interface，如图 12-1 所示。

在 ActionScript 2.0 版本中，组件则由 Media、User Interface 和 Video 这三大类组成，与 ActionScript 3.0 的组件基本是相同的，如图 12-2 所示。

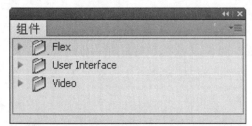
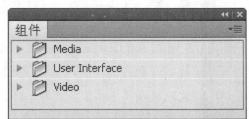

图 12-1 ActionScript 3.0 组件组成　　　　图 12-2 ActionScript 2.0 组件组成

1. Media 组件

利用 Media 组件，可以方便地将 FLV 视频文件或 MP3 音频文件载入到播放应用程序中，并且能够对播放的 FLV 视频文件或 MP3 音频文件进行控制，如图 12-3 所示。

图 12-3 Media 组件

媒体类组件包括三个组件：Media Controller(媒体控制条组件)、Media Display(媒体显示组件)和 Media Playback(媒体控制组件)，分别在对媒体内容的播放应用中起着不同的作用。

- MediaController 组件：用以创建播放控制器，在播放应用程序中对播放的媒体文件进行播放、暂停、跳转和调节音量的控制。
- MediaDisplay 组件：用以在播放应用程序中显示流媒体文件内容的界面，通常需要与 MediaController 组件配合使用，才能很好地对媒体对象的播放进行控制。

EMU10K1/2 系列是创新公司最重要的音效芯片，EMU10K1 具有可编程的特性，在音频处理质量上也具有专业水准，并且可以进行不断升级。

MediaPlayback 组件：用以创建完整的媒体播放控制界面，在播放应用程序中同时完成显示媒体文件的内容和控制其播放的作用，其实就是 MediaController 组件和 MediaDisplay 组件的结合体。

2. User Interface 组件

User Interface 是用户界面，主要用于制作互动的网页表单和信息反馈程序，每个组件都具有其唯一的功能，如图 12-4 所示。

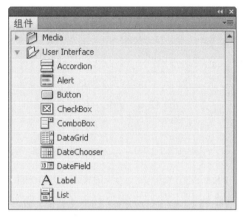

图 12-4　User Interface 组件

- Button 组件：利用该按钮组件可执行所有的鼠标和键盘交互事件。
- CheckBox 组件：可以创建多个复选项，多用于程序中需要进行多个选择的部分。
- ComboBox 组件：用于创建一个下拉列表框，允许用户在各选项之间进行选择。
- DataGrid 组件：显示一个多列不同数据，并允许用户对其进行操作。
- Label 组件：一个不可编辑的单行文本框，用以显示影片中的文字内容。通过"属性"面板可以修改该组件中的文字内容。
- List 组件：让用户在已有的选项列表中选择需要的选项。
- NumericStepper 组件：单击该组件上的按钮，可对显示出的数字值进行增加或减小。
- Radio Button 组件：一个单选项，允许用户在相互对立的选项之间进行选择。
- ScrollPane 组件：一个常用的带滚动条的有限区块，可以进行视频、位图和 SWF 播放文件的显示。
- Text Area 组件：一个可随意进行编辑的多行文本输入框，常用于制作留言板。
- Text Input 组件：一个可以随意编辑的单行文本输入框。

3. Video 组件

ActionScript 3.0 中的 Video 组件相当于 ActionScript 2.0 中的 Media 组件和 Video 组件的集合体，同样能够控制 FLV 视频文件或 MP3 音频文件，如图 12-5 所示。

- FLVPlayback 组件：用以创建完整的视频播放控制界面，在播放应用程序中同时完成显示媒体文件的内容和控制其播放的作用。
- BackButton 组件：后退按钮，用来控制视频后退播放。

在对椭圆轮廓进行操作时，可将视图放大操作，以便于更好地观察填充的区域。

- BufferingBar 组件 ▦：缓冲条，可以为视频添加缓冲进度条。
- PlayButton 组件 ▣：播放按钮，用来控制视频再次播放。

图 12-5　Video 组件

4. Flex 组件

在 Flash CS6 中创建用于 Flex 的组件，这可以帮助用户利用 Flash 灵活的图形设计功能，同时发挥 Flex 的功能，使用户能够从设计人员转变为开发人员，如图 12-6 所示。

图 12-6　Flex 组件

Flex 通过 java 或者.net 等非 Flash 途径，解释.mxml(Flex 标记语言)文件组织组件，并生成相应的.swf 文件。

以 Flex 组件为框架让 Flash 开发人员能够使用高效的代码开发环境。

Flex 的行为机制使得开发者可以很方便地为应用程序添加动画效果，从而使用户界面更加丰富多彩。

知识补充 ～★

除了上述主要的几个组件外，ActionScript 3.0 版本还包括 ProgressBar 组件、Slider 组件、UILoader 组件、TileList 组件以及 UIScrollBar 组件等。使用 FLVPlayback 组件可以轻松将视频播放器包括在 Flash 应用程序中，以便通过 HTTP 从 Flash 视频流服务(FVSS)或 FlashCommunication Server(FCS)播放渐进式流视频。在 Video 组件中有 12 个视频控制按钮，以便用户更快地控制视频播放。

12.1.2　组件的使用

上面我们了解了组件的几个分类，下面通过例子介绍下几个常用组件的创建和使用方法。

Advance Logic 系列音效芯片是著名的音效芯片设计制造商，主攻低端市场，ALS4000 便是其出品的比较著名的芯片。

1. 快速掌握 Button 组件

　　Button 组件具有与按钮元件相似的功能，同样需要被设置了特定的控制事件后，才能在影片中正常使用。使用 Button 组件的具体方法如下。

❶ 打开 Flash CS6，新建一个空白文档，将图片导入到舞台中，设置其大小与舞台一致，如图 12-7 所示。

❷ 按 Ctrl+F7 组合键打开"组件"面板，如图 12-6 所示。

❸ 选择 User Interface 下的 Button 组件，并将其拖动到场景上，即创建出一个按钮组件，如图 12-8 所示。

图 12-7　导入图片

图 12-8　创建按钮组件

❹ 选中新创建的按钮组件，按 Ctrl+F3 组合键打开"属性"面板，在"组件参数"下更改 label 参数，设置完成后该按钮即可生效，如图 12-9、图 12-10 所示。

图 12-9　组件参数属性面板

图 12-10　按钮设置完成

❺ 按 Ctrl+L 组合键打开"库"面板，就可以看到库中的按钮组件及其文件夹，如图 12-11 所示。

❻ 双击该按钮时，会打开 Button 影片剪辑元件内容，按钮的变化都在这里显示，如图 12-12 所示。

❼ 按 Ctrl+Enter 组合键测试动画效果。如图 12-13 所示。

　　按快捷键 Ctrl+Shift+↓，可将对象置于底层。

图 12-11　库面板

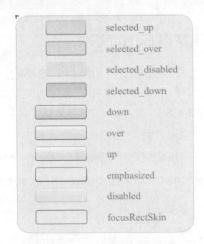

图 12-12　影片剪辑元件内容

图 12-13　最终效果图

此外，"组件参数"下各参数的作用如下。

● emphasized：指示按钮是(true)否(false)处于强调状态。强调状态相当于默认的普通按钮外观。默认值为 false(不选中)。如果没有使用该属性，则表明只将按钮设置为强调状态，或者使用强调状态来更改文本颜色。

● label：决定按钮上的显示内容，默认值为 Label。

● labelPlacement：确定按钮上的标签文本相对于图标的方向。其中包括 left、right、top 和 bottom 4 个选项，默认值是 right。

● selected：指定是按下(选中)还是释放(不选中)按钮，默认值为不选中。

● toggle：确定是否将按钮转变为切换开关。不选中，按钮的行为就像一个普通按钮，一按下去就马上弹起；选中该复选项，按钮在按下后保持按下状态，直到再次按下时才返回到弹起状态，默认值为不选中。

● visible：指定按钮是否可见，默认选中状态，即按钮可见。

2. 快速掌握 CheckBox 组件

CheckBox 组件可以在 Flash 影片中添加复选框，通过"属性"面板对该组件的文字内容及显示位置等进行设置，具体操作步骤如下。

❶ 打开 Flash CS6，新建一个空白文档，将图片导入到舞台中，设置其大小与舞台一致。

骅讯推出的 CMI-83388/8738 芯片曾经称为低端市场的主流，其集成了 Codec，降低了成本，还节约了 PCB 的制造和设计费用。

②　在舞台中使用"文本"工具 **T** 输入题目。按 Ctrl+F7 组合键打开"组件"面板。

③　选择 User Interface 下的 CheckBox 组件，将其拖到场景上，即可创建一个复选框组件。

④　用同样的方法再创建 3 个复选框，打开"对齐"面板将其左对齐，如图 12-14 所示。

⑤　选中最上面的复选框，打开"属性"面板，就可在"组件参数"下设置各参数，如图 12-15 所示。

图 12-14　创建多个组件

图 12-15　组件参数属性面板

⑥　确定复选项旁边的显示内容，默认值是 Label，将其修改为"WinRAR V3.93 简体中文版"。如图 12-16 所示。

⑦　同样将其余 3 个复选项名称依次改为 Microsort office word 2010、Adobe Reader V8.1.2 简体中文版和 QQ 2010 简体中文版。

⑧　选择"任意变形"工具 将场景舞台中的各组件拉长，使其内容完全显示，并在"对齐"面板中单击"左对齐"按钮 ，如图 12-17 所示。

图 12-16　修改参数

图 12-17　调整组件

⑨　按 Ctrl+Enter 组合键查看最终效果，如图 12-18 所示。

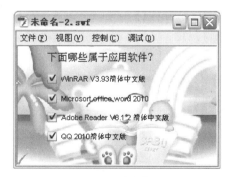

图 12-18　最终效果图

帧是影像动画中最小单位单幅影像的画面，相当于电影胶片上的每一个镜头，通过对帧的移动、删除、建立和翻转等，即可制作形式多样的动画。

3. 快速掌握 ComboBox 组件

ComboBox 组件即是下拉列表框，用户可从下拉列表框中进行选择，使用该组件的具体操作步骤如下。

1 打开 Flash CS6，新建一个空白文档，将图片导入到舞台中，设置其大小与舞台一致。

2 在舞台中选择"文本"工具 **T** 输入题目。

3 按 Ctrl+F7 组合键打开"组件"面板，选择 ComboBox 组件，将其拖到场景上，如图 12-19 所示。

4 选中该组件，打开"属性"面板，在"组件参数"下设置各参数，如图 12-20 所示。

图 12-19　创建按钮组件　　　　　图 12-20　组件参数属性面板

5 双击 dataProvider 右边的文本框，在弹出的"值"对话框中连续单击 ➕ 按钮添加 4 个项，依次将 label 值改为上海、北京、天津和成都，如图 12-21 所示。

6 单击"确定"按钮后，场景舞台中的组件将会显示第 1 项，如图 12-22 所示。

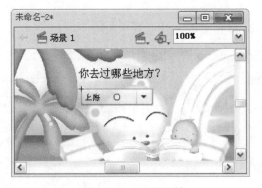

图 12-21　添加值　　　　　　　图 12-22　显示组件

7 按 Ctrl+Enter 组合键查看最终效果，如图 12-23 所示。

对于一些内置电源的机箱产品，其电源一般都已经直接安装在机箱上，不需要用户动手安装，此时就可省却安装电源的步骤。

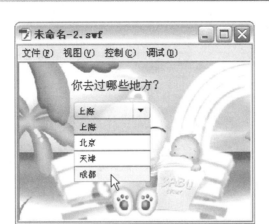

图 12-23　最终效果图

知识补充 ★

- dataprovider：将一个数据值与 ComboBox 组件中的每个项目相关联。
- editable：决定用户是否可以在下拉列表框中输入文本。如果可以输入则选中；如果只能选择不能输入则不选中。默认值为不选中。
- rowCount：确定在不使用滚动条时最多可以显示的项目数。默认值为 5。

"值"对话框中的 ⊕ ⊖ ▽ △ 按钮，分别用于添加、删除、上移和下移其中的值。

4. 快速掌握 TextInput 组件

TextInput 组件主要是用来获取用户的信息，常用于一些表单的制作，使用该组件的具体操作步骤如下。

1️⃣ 打开 Flash CS6，新建一个蓝色空白文档。

2️⃣ 在舞台中选择"文本"工具 T 输入文本。

3️⃣ 按 Ctrl+F7 组合键打开"组件"面板，选择 TextInput 组件，将其拖到文本右侧，如图 12-24 所示。

4️⃣ 选中密码右侧的组件，打开"属性"面板，在"组件参数"下选中 displayAsPassword 复选框，如图 12-25 所示。

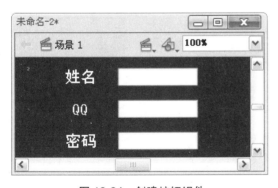

图 12-24　创建按钮组件

图 12-25　组件参数

帧和关键帧在时间轴中的顺序决定了它们在动画中显示的顺序。

⑤ 按 Ctrl+Enter 组合键查看最终效果，如图 12-26 所示。

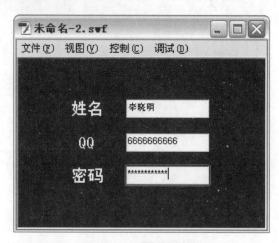

图 12-26　最终效果图

5. 快速掌握 FLVPlayback 组件

FLVPlayback 组件可以直接嵌入外部视频，具体操作步骤如下。

① 打开 Flash CS6，新建一个空白文档。

② 打开"组件"面板，选择 Video 下的 FLVPlayback 组件，将其拖到场景舞台中，如图 12-27 所示。

③ 选中该组件，打开"属性"面板，在"组件参数"下查看其参数，如图 12-28 所示。

图 12-27　创建按钮组件

图 12-28　组件参数

④ 单击 skin 右侧的 ✎ 按钮，弹出"选择外观"对话框，在"外观"下拉列表框中选择其中一项，单击"确定"按钮即可更换外观，如图 12-29 所示。

⑤ 单击 source 右侧的 ✎ 按钮，弹出"内容路径"对话框，在其中输入视频位置，如图 12-30 所示。

在固定机箱电源时，应注意螺丝的固定方法，先将 4 个螺丝分别拧进对应的螺丝孔中，然后再用改锥逐一旋紧，在固定时应用力均匀，不要用力过猛。

图 12-29 外观选择　　　　　　　　　图 12-30 路径选择

⑥ 单击"确定"按钮，按 Ctrl+Enter 组合键查看最终效果。

在 Flash CS6 中选择视频要符合 FLV 或 F4V 格式的文件才能嵌入。

12.2　按钮

按钮元件是所有互动影片中不可缺少的组成元素。按钮通过响应鼠标的动作而工作，常用于控制影片的播放。

在 Flash CS6 的公用库中准备了许多漂亮的按钮元件供用户使用。

- 选择"窗口"→"公用库"→"按钮"命令，打开 Flash CS6 按钮元件库。
- 选择一个按钮元件，将其拖动到场景舞台中，如图 12-31 所示。
- 双击元件，进入其编辑窗口。可以看到按钮元件的时间轴和其他元件或场景的时间轴有很大的不同，如图 12-32 所示。

图 12-31 选择任意按钮置

图 12-32 进入其编辑窗口

按 F5 快捷键可插入普通帧。

按钮元件的时间轴上默认有 4 个帧，这些帧在内容上有所关联，在动作上又相互独立，形成独特的互动效果，如图 12-33 所示。

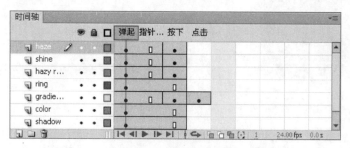

图 12-33　按钮元件时间

- 弹起：在影片中显示的一般状态，表示鼠标未靠近的状态。
- 指针经过：在鼠标移到按钮的感应范围内时呈现的状态。
- 按下：鼠标按下按钮所呈现的状态。
- 点击：在影片中该帧是不显示的，该帧中的图形只是用于确认按钮的感应范围。鼠标不在感应范围内，按钮呈现弹起时的状态；鼠标移到感应范围内，按钮呈现指针经过时的状态；在感应范围内单击鼠标，按钮呈现按下时的状态。

知识补充

Flash CS6 提供了 3 个公用库：按钮、声音和类，这三个是系统自带的公用库。在公用"库"面板中是不能添加新元件和文件夹的。

12.3　应用实例：制作音乐链接按钮

实例解析

按钮在 Flash 的制作中发挥着重要的作用，使用按钮可以使操作更加简便，使不同页面的跳转更加顺畅。按钮元件主要是用于创建动画的交互控制按钮，以影响鼠标事件。

音乐链接按钮的制作业不是十分复杂，只要掌握了其中的精髓，都会们运用自如。

━━书盘互动指导━━

⊙	示例	⊙	在光盘中的位置	⊙	书盘互动情况
	未命名-2.swf 文件(F) 视图(V) 控制(C) 调试(D) 音乐餐吧 橘子香水 浪花一朵朵 天空之城 昨日重现		12.3 应用实例：制作音乐链接按钮 1. 设置音乐属性 2. 制作茶杯特效 3. 制作按钮元件		本节主要介绍以上述所学为基础的综合实例操作方法，在光盘 12.3 节中有相关操作的步骤视频文件，以及原始素材文件和处理后的效果文件。 大家可以选择在阅读本节内容后再学习光盘，以达到巩固和提升的效果，也可以对照光盘视频操作来学习图书内容，以便更直观地学习和理解本节内容。

 在安装电脑风扇时，由于风扇底部的接触面上已经涂抹了硅脂，因此不必在 CPU 上再涂抹硅脂，直接安装即可。

通过按钮对音乐进行链接，在单击音乐名称时就播放该音乐。这种音乐按钮的制作方法如下。

跟着做 1☛ 设置音乐属性

设置音乐属性的具体操作步骤如下。

① 打开 Flash CS6，新建一个背景色为 #0099FF 的 ActionScript 2.0 空白文档。

② 导入要进行链接的音乐和图片，如图 12-34 所示。

图 12-34　导入音乐和图片

③ 在库中右击某个音乐，在弹出的快捷菜单中选择"属性"命令。

④ 在打开的"声音属性"对话框中单击 ActionScript 选项卡，在其中为声音文件设置链接属性，如图 12-35 所示。

⑤ 以同样的方法设置其余音乐的链接属性，如图 12-36 所示。

图 12-35　声音属性

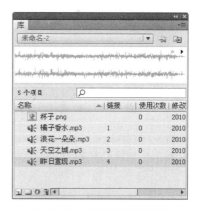

图 12-36　设置音乐链接属性

知识补充

当行为或者脚本语言需要引用某个元件时，就产生了怎样和该元件建立联系的问题。链接属性就是为解决这个问题而设计的。

标识符是设定其名称，以方便在命令中引用该元件。通常标识符应该与元件的名称相同，有时为了方便操作，也可以使用数字或者其他方式来命名。

电脑小百科

按 F7 快捷键可插入空白关键帧。

跟着做 2 制作茶杯特效

为了使动画更加美观，在这里添加一个茶杯上方出现音符的特效，具体操作步骤如下。

① 在场景舞台左上角输入标题文字"音乐茶吧"，并为其添加"斜角"滤镜。

② 将"杯子"图片拖到文字下方，设置其合适大小，并将其转换为影片剪辑元件，命名为"茶杯"，如图 12-37 所示。

③ 新建两个音符图形元件，命名为"yf1"和"yf2"，分别绘制两个不同的音符，如图 12-38、图 12-39 所示。

④ 返回"茶杯"元件，在图层 1 的第 35 帧插入帧，新建图层 2，在第 2 帧插入关键帧，将"yf1"拖到元件舞台的杯子之上，设置其大小为 30%，如图 12-40 所示。

图 12-37 转换为影片剪辑元件

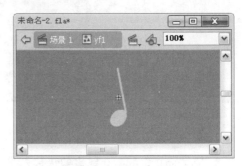

图 12-38 新建音符图形元件

图 12-39 新建音符图形元件

图 12-40 插入帧

⑤ 在第 30 帧插入关键帧，将 yf1 元件拖到舞台右上部分，将其大小设为 20%，Alpha 值为 0。为图层 2 创建传统补间动画，并设置其逆时针旋转，如图 12-41、图 12-42 所示。

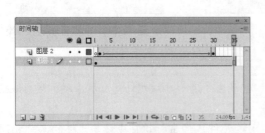

图 12-41 插入关键帧

图 12-42 创建传统补间动画

风扇的电源插头一般都有防呆设计，只能接正确的方向插入，稍加留意即可。

6 新建图层 3，用同样的方法设置 yf2 的顺时针旋转淡出补间动画，如图 12-43 所示。

图 12-43　设置补间动画

7 分别新建图层 4 和图层 5，将图层 2 和图层 3 的帧分别复制粘贴到图层 4 的第 5 帧和图层 5 的第 6 帧。在图层 4 的第 33 帧和图层 5 的第 34 帧中将图形元件向左移动几个像素，并将多余的帧删除，如图 12-44、图 12-45 所示。

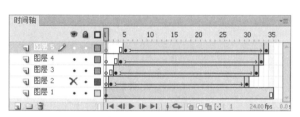

图 12-44　复制帧　　　　　　　　　　　图 12-45　移动元件

跟着做 3 ☛ 制作按钮元件

CheckBox 组件可以在 Flash 影片中添加复选框，通过"属性"面板对该组件的文字内容及显示位置等进行设置，制作按钮元件的具体步骤如下。

1 在右侧绘制一个音乐选框，并将其转换成图形元件。如图 12-46 所示。

2 新建一个名为"jzxs"的按钮元件，在弹起帧输入文字，在指针经过和按下帧中插入关键帧，将其颜色改为蓝色和绿色，如图 12-47 所示。

图 12-46　绘制音乐选框　　　　　　　　图 12-47　新建按钮元件

电脑小百科

在时间轴上选中了某一帧的同时，也选中了该帧所对应的舞台中的所有对象。

③ 在点击帧中插入关键帧，绘制一个遮住文字的矩形框，作为鼠标单击的感应范围，如图 12-48、图 12-49 所示。

图 12-48　插入关键帧层　　　　　　图 12-49　绘制矩形框

④ 用同样的方法创建其余音乐按钮。返回到场景舞台，将音乐按钮居中对齐排列到音乐选框内。如图 12-50 所示。

⑤ 选中 jzxs 按钮，按 Shift+F3 组合键打开"行为"面板，单击"添加行为"按钮，选择"声音"→"从库加载声音"命令，如图 12-51 所示。

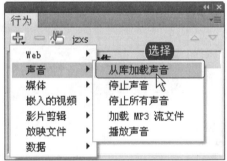

图 12-50　创建多个余音乐按钮　　　　图 12-51　行为面板

⑥ 在打开的"从库加载声音"对话框中输入链接 ID 和实例名称，如图 12-52 所示。

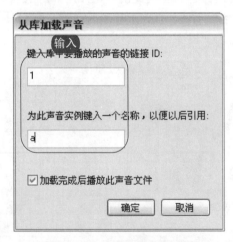

图 12-52　从库加载声音面板

风扇的电源插头一般都有 3 个针脚，其中 2 个针脚负责对风扇电机供电，另 1 个针脚提供风扇电机转速的检测信号。

⑦ 单击"添加行为"按钮，选择"声音"→"停止所有声音"命令。在弹出的"停止所有声音"对话框中单击"确定"按钮。在"行为"面板的"事件"栏选择"移入时"选项，如图 12-53、图 12-54 所示。

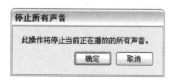

图 12-53　停止所有声音

图 12-54　行为面板

⑧ 依次为其余音乐按钮添加行为，以控制播放对应的声音文件。

⑨ 按 Ctrl+Enter 组合键测试动画效果，如图 12-55 所示。

⑩ 按 Ctrl+S 组合键保存文件。

图 12-55　最终效果图

学 习 小 结

本章主要介绍 Flash CS6 中几种常见的 Flash 组件，通过本章的学习，并通过实战的应用分析巩固和强化理论操作，帮助读者快速了解一些常用组件的功能，并掌握这些组件的使用方法和技巧。

通过本章的学习，可以了解不同类型 Flash 组件并能够结合相应的实例进行学习，达到了一个辅助的效果，使读者可以对前面的学习有一个巩固和提高。

互 动 练 习

1. 选择题

(1) 下面不属于 ActionScript 2.0 版本组件的是(　　)。

在 Flash 中选中多个帧还有一种方法是直接在第 1 帧上按住鼠标左键并拖动，到达最后一帧的时候释放左键，但切记使用这种方法不能选中第 1 帧，然后按下左键移动，否则就会移动第 1 帧。

A．Media   B．User Interface

C．Video   D．Flex

(2) 在启用简单按钮功能关闭的情况下，要对某个按钮进行编辑，可以执行以下(   )的操作。

    A．双击舞台上的按钮元件实例

    B．鼠标右键单击按钮元件实例，从弹出的菜单中选择"在当前位置编辑"命令

    C．鼠标左键单击选中按钮元件实例，执行"编辑"→"编辑所选项目"命令

    D．鼠标右键单击按钮元件实例，从弹出的菜单中选择"编辑"命令

(3) 下面属于按钮组件的是(   )。

    A．Button 组件   B．CheckBox 组件

    C．ComboBox 组件   D．TextInput 组件

2．填空题

按钮元件中包含了 4 帧，分别是 Up、Down、Over 和_____。

如果主板支持双通道，应将内存插在颜色一致的内存插槽内。

完美互动手册

第 13 章

Flash 动画的测试与发布

本章导读

如果用户创作的精美动画影片因为种种原因不能在网页中正常播放,那么一定会很郁闷。在本章中,大家将学习到能够使影片在网页上正常显示的优化方法和根据不同用途将影片发布为各种文件形式的方法。在 Flash CS6 中完成对 Flash 影片的编辑以后就可以进行测试和发布。

本章主要介绍 Flash CS6 中影片的测试、优化、发布、导出的相关知识及其基本操作,并通过实战的应用分析巩固和强化理论操作,帮助读者快速掌握如何在 Flash CS6 中测试、优化和发布影片。

精彩看点

- 测试影片
- 优化影片
- 发布预览
- 测试场景
- 发布设置
- 导出动画

 13.1 Flash 动画的测试

当一个 Flash 动画制作完成后，要对 Flash 动画进行测试，测试动画是否能够流畅播放，作品的效果是否与预期效果相同。测试完成后方可对其进行发布。

━━━书盘互动指导━━━

⊙ 示例	⊙ 在光盘中的位置	⊙ 书盘互动情况
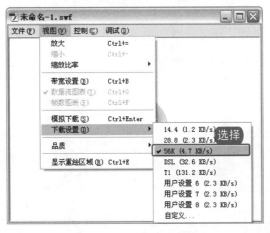	13.1 Flash 动画的测试	本节主要带领大家全面学习Flash动画的测试，在光盘 13.1 节中有相关内容的操作视频，并特别针对本节内容设置了具体的实例分析。大家可以在阅读本节内容后再学习光盘，以达到巩固和提升的效果。

在发布动画之前，需要测试动画文件。测试动画文件的具体操作步骤如下。

❶ 选择"控制"→"测试影片"命令或按 Ctrl+Enter 组合键，打开动画窗口。

❷ 选择"视图"→"下载设置"子菜单下的命令，对下载的速度等进行设置，如图 13-1 所示。

图 13-1 "下载设置"子菜单

用户可以通过"自定义下载设置"对话框对文件的下载进行设置。

● 选择"视图"→"下载设置"→"自定义"命令，即可打开"自定义下载设置"对话框，如图 13-2 所示。

● 用户还可以选择"视图"→"带宽设置"命令，打开带宽显示图来查看动画的下载性能，如图 13-3 所示。

笔记本电脑光驱结构比台式机光驱更为精密，因此对灰尘和污渍也更加敏感，而且经常会引起笔记本光驱出现不读盘现象。

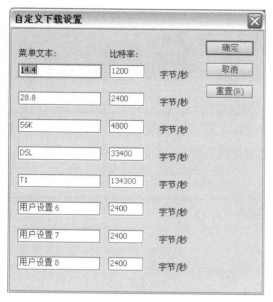

图 13-2　自定义下载设置

图 13-3　带宽设置

单击时间轴上的某一帧，动画就会停在该帧，左侧的数据将显示该帧的下载性能。

- 选择"视图"→"数据流图表"命令，可将图表上的各帧连接在一起显示，便于查看动画下载时，将在哪一个帧停止，如图 13-4 所示。
- 选择"视图"→"帧数图表"命令，可将帧单独显示，便于查看每个帧的数据大小，如图 13-5 所示。

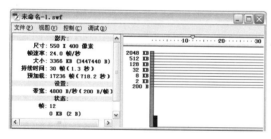

图 13-4　数据流图表

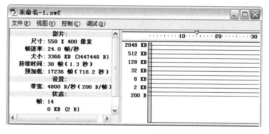

图 13-5　帧数图表

知识补充　★

窗口中各选项的含义如下。

- 影片：用于显示动画的总体属性。包括动画的尺寸、帧频、文件大小、播放的持续时间和预先加载时间。
- 设置：用于显示当前使用的带宽。
- 状态：用于显示当前帧号、数据大小及已经载入的帧数和数据量。

　　在窗口的右侧，每个交错的浅色和深色的方块表示动画的帧。方块的大小表示该帧所含数据量的多少。如果方块超出了红线则表示该帧的数据量超出了限制，在流式传输模式下，播放指针的移动表示当前帧的载入。

　　在动画制作过程中，如果不需要某些帧和关键帧，可以将这些帧清除掉，其方法是图层中选中需要清除的帧，然后单击鼠标右键，在弹出的快捷菜单中选择相应的命令即可。

13.2　优化影片

在制作 Flash 影片的时候，一定要记住它的最终载体是网页这一事实，所以从影片的计划阶段开始，就要充分地考虑到影片的大小以及下载速度等问题。无论制作的影片多么出色，如果它不能够在网页中正常地播放或发生多次间断，那它的价值也将大打折扣。

=== 书盘互动指导 ===

⊙ 示例	⊙ 在光盘中的位置	⊙ 书盘互动情况
	13.2 优化影片 1. 优化对象 2. 动画和影片的播放速度 3. 减小文件容量的十大技巧	本节主要带领大家全面学习影片的优化，在光盘 13.2 节中有相关内容的操作视频，并特别针对本节内容设置了具体的实例分析。 大家可以在阅读本节内容后再学习光盘，以达到巩固和提升的效果。

13.2.1　优化对象

对影片对象进行优化，主要包括灵活使用元件、优化绘画效果、正确使用字体、优化位图图像、优化声音文件等操作。

1. 灵活使用元件

在影片中使用两次或两次以上的对象，一定要以元件的形式将其添加到库中，因为添加到库中的文件不受调用次数的限制，且保持原始的文件容量，如图 13-6、图 13-7 所示。

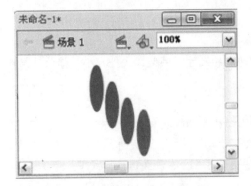

图 13-6　使用两次以上的对象

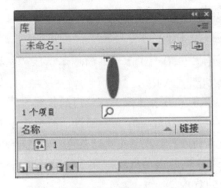

图 13-7　元件

为了避免灰尘的污染，笔记本电脑的光驱在不使用的时候应该取出盘片合上的托盘，而且注意不要使用太过劣质的光盘。

2. 优化绘图效果

对绘图效果的优化有以下 3 点。

- 在选择线形类型的时候要格外谨慎，因为在 Flash 提供的线型种类中，使用实线以外的其他线条类型，将增大 Flash 影片的容量，如图 13-8 所示。
- 在使用绘图工具制作对象时，使用渐变颜色的影片文件容量，也将比使用其他颜色的影片文件容量大一些，所以在制作影片时应该尽可能地使用单色且使用网络安全颜色。
- 对于调用外部的矢量图形，最好在分解状态下选择"修改"→"形状"→"优化"命令。

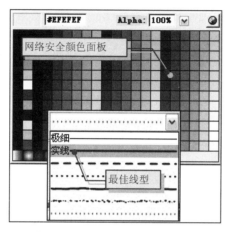

图 13-8　线形类型选择

3. 正确使用字体

在字体的使用上稍有不慎，也会给 Flash 影片带来不良效果，如图 13-9 所示。

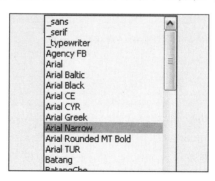

图 13-9　字体选择

- 在使用各种字体的时候，应尽量使用系统默认字体，从而有效地避免乱码或模糊现象的发生。
- 在 Flash 影片制作过程中，应该尽可能地使用较少种类的字体，还应该尽可能地使用同一种颜色或字号。
- 在使用字体时，还应该慎用分解字体的"分离"命令。

清楚帧后，该帧就会自动变为空白关键帧。

4. 优化位图图像

应该尽可能地不使用位图图像制作动画，位图图像推荐用于背景图像等处。当需要使用位图图像时，应尽可能地使位图图像的容量更小，且添加到库中的位图图像应该在位图属性对话框中再次进行压缩。

5. 优化声音文件

许多 Flash 影片借助声音效果的使用使动画更为生动活泼，若声音文件使用不得当，反而收到不好的效果，如影响 Flash 文件大小，降低 Flash 影片质量等。

- 应尽可能地使用 MP3 文件而避免使用 Wav 文件，因为 MP3 文件既能够保持高保真的音效，还可以在 Flash 中得到更好的压缩效果。
- 对于作为背景音乐的声音文件，应该使用尽可能小的声音文件或对大的声音文件进行裁切后使用。
- 选择"库"中的声音文件，并单击"属性"按钮打开"声音属性"对话框，然后进行适当的压缩，如图 13-10 所示。

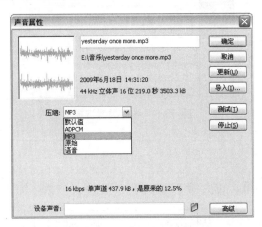

图 13-10　声音属性设置

13.2.2　动画和影片的播放速度

在动画和影片的播放速度方面，应从以下几方面来进行处理。

- 比起使用 Frame by Frame 动画方式，使用 Twining 动画可以减小文件容量。如果使用多个关键帧实现了动画效果，则文件的容量将与关键帧的个数成正比关系。
- 同时使用的多个对象发生变化，或变化的范围较广时，影片的播放速度将会减缓。
- 使用了透明(Alpha)功能的动画将使影片的速度减缓。
- 养成在发布影片之前进行测试的习惯。

13.2.3　减小文件容量的十大技巧

因为 Flash 影片应该追求小的文件容量，在以下十大技巧中应注意掌握。

当笔记本电脑的光驱光头蒙尘的时候，应该使用专门的光头清洁剂来清洁，而不要选用劣质的清洁剂。

- 当在影片中需要重复调用同一个对象时，应该将该对象添加到库中。
- 删除不需要的帧特别是关键帧，哪怕该帧是一个毫无内容的空白帧。
- 如果有可能，尽量使用渐变动画，因为它所需要的额外开销远比一系列关键帧要少。
- 制作好影片之后，应该删除工作区范围外不需要的对象。
- 删除不需要的图层和库中不使用的对象。
- 尽可能避免使用位图文件，即使一定要使用也应该用静态对象。
- 将有些对象合并为一个群组，且对矢量图形进行优化。
- 声音文件格式的选用应该遵循 Mid、MP3、Wav 的顺序。
- 尽可能减少注释等附加功能的使用。
- 画线的时候应该首先考虑使用铅笔工具，而避免使用笔刷工具。

知识补充

流媒体播放是多媒体数据传送方式之一，通过在因特网中读取播放中必要的最少数据，即实时播放已下载的信息。

13.3　发布 Flash 动画

Flash 除可以发布成 SWF 格式的影片之外，还允许将影片发布成一系列其他文件格式，这使得用户可以根据需要灵活地设计 Flash 动画，从而可以将它提供给更多的用户。每种文件格式都具有与之相应的不同设置参数，以便设计人员可以进一步处理文件的最终效果和行为。

书盘互动指导

⊙ 示例	⊙ 在光盘中的位置	⊙ 书盘互动情况
	13.3 发布 Flash 动画 　1. 发布设置 　2. 发布预览 　3. 发布动画	本节主要带领大家全面学习 Flash 动画的发布，在光盘 13.3 节中有相关内容的操作视频，并特别针对本节内容设置了具体的实例分析。 大家可以在阅读本节图书内容后再学习光盘，以达到巩固和提升的效果。

13.3.1　发布设置

下面将详细介绍每种文件类型，以及与每种类型相关的发布参数设置。

1. SWF 格式发布设置

创建扩展名为.swf 文件是发布 Flash 动画的最佳途径，它也是为了从 Web 获取用户制作的动画的第 1 步。在 Flash CS6 的环境中，选择"文件"→"发布设置"命令，将打开"发布设置"

当对帧进行移动时，如果中间间隔有空白帧，则自动将这些空白帧进行填充。

对话框，在 Flash(.swf)选项卡中各项参数说明如下，如图 13-11 所示。

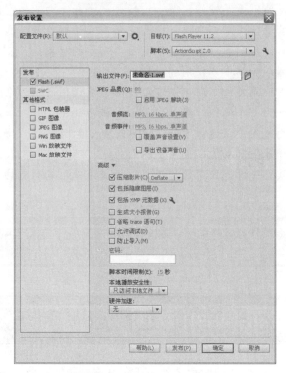

图 13-11　.swf 格式发布设置

- 目标：指定发布影片时，需要兼容的 Flash 播放器(1~11)。
- JPEG 品质：允许设置默认压缩量，该压缩量将应用于动画中所有未进行独立优化的位图。
- 脚本：可以选择在 Flash 中创建动作的脚本版本，如 1.0、2.0 和 3.0。
- 允许调试：允许导出的 Flash 动画在播放时运行调试器调试 Flash 动画。
- 压缩影片：压缩影片可以减小文件的大小和下载文件所需的时间。
- 生成大小报告：通知 Flash 输出一个 SimpleText 或 TXT 文件。
- 防止导入：确保发布的 SWF 文件不会被再次导入 Flash 中，确保作品不被抄袭。

2. HTML 发布设置

在 Web 浏览器中播放 SWF 影片，还需要将该 Flash 影片嵌套在 HTML 文档中。通过该 HTML 文件才可以激活该影片，并指定浏览器的设置参数，而且在某种程度上可以决定 SWF 文件的播放效果。所以，如果以后需要借助 Web 传送 SWF 文件，还需要将它与一个 HTML 文件一起发布，在"HTML 包装器"选项卡中主要参数说明如下，如图 13-12 所示。

- 模板：允许用户从预先定义的 HTML 模板中选择所需的模板以显示 Flash 影片。大多数情况下可以保留默认设置。
- 大小：用于控制 OBJECT 和 EMBED 标记中所含 HTML 文档的宽度和高度。
- 播放：控制下载 Flash 影片的播放方式。
- 品质：确定播放的质量。

笔记本电脑的光驱两侧有托盘出入用的导轨，如果装载盘片的时候用力太大，次数多了会容易加剧导轨和托盘的磨损，使得间隙增大，托盘的出入会不稳定。

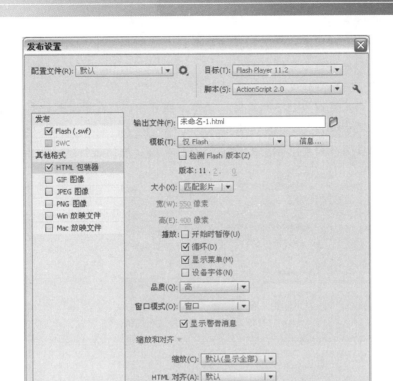

图 13-12　HTML 发布设置

- 窗口模式：用来设置在 IE 浏览器中，通过 Flash ActiveX 控件播放影片时需要设置的选项。
- HTML 对齐：可通过该选项定位影片在 Web 页面中的位置。
- 缩放：可与前面介绍的"大小"选项一起配合使用。
- Flash 水平/垂直对齐：确定影片在指定区域中的位移量。

3. GIF 发布设置

GIF 是网络上最流行的图形格式，这是因为 GIF 文件提供了一个导出绘图和简单动画以便在 Web 页上使用的简单方法。标准的 GIF 文件是简单的压缩位图，"GIF 图像"选项卡的主要参数说明如下，如图 13-13 所示。

- 大小：允许用户设置被发布的动态图像或动态 GIF 的尺寸。
- 播放：设置 GIF 文件是以静态图像显示还是以动画方式显示。
- 优化颜色：通知 Flash 删除 GIF 颜色表中任何无用的颜色，选择该选项后将减少最终生成文件的大小。

在动画制作过程中，利用翻转帧可使连续的关键帧序列进行逆顺序排列，从而使影片倒着播放。

- 抖动纯色：给颜色和梯度添加抖动效果。
- 交错：将影片发布为交错型 GIF。
- 删除渐变：将所有梯度效果改变为纯色。
- 平滑：当影片发布为 GIF 格式时，选中该项可保证影片中所有的图形不失真。
- 透明：决定如何转变 Flash 影片的 Alpha 设置参数，设为透明后，还可在 0～255 范围内，进行透明度调节。

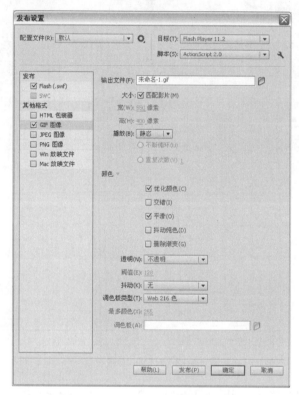

图 13-13　GIF 发布设置

4. JPEG 发布设置

　　GIF 是用较少的颜色创建简单的小型图像的最佳工具。但是，如果想导出又清晰的渐变又不受限制的图像，那么 JPEG 则是首选。"JPEG 图像"选项卡中的主要参数说明如下，如图 13-14 所示。

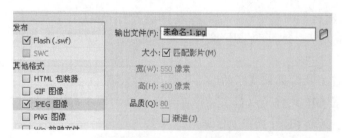

图 13-14　JPEG 发布设置

　　如果使用笔记本电脑时间不长的话，一旦充满了电，最好先使用电池电源，到电池电源使用完后再考虑使用 AC 电源。同时，在使用 AC 电源时应取下电池。

- 大小：可设置所创建的 JPEG 在垂直和水平方向上的大小。
- 匹配影片：将创建一个与"文档属性"对话框中的设置有着相同大小的 JPEG 文件。
- 品质：可设置应用在导出 JPEG 中的压缩量。
- 渐进：当 JPEG 以较低的连接速度下载时，此项将使它逐渐清晰地显示在舞台上。

知识补充

- JPEG：GIF 是用较少的颜色创建简单的小型图像的最佳工具。但如果想导出又清晰的渐变又不受限制的图像，JPEG 才是首选。
- GIF：由于 GIF 文件提供了一个导出绘图和简单动画以便在 Web 页上使用的简单方法，使得 GIF 成为网络上最流行的图形格式。标准的 GIF 文件是简单的压缩位图。

13.3.2　发布预览

如果在费了很大工夫设置各种文件类型的发布参数后，却不能查看其最终的发布效果，那将是一件很令人难堪的事情。要使用发布预览命令预览文件，其操作步骤如下。

1 选择"文件"→"发布设置"命令，打开"发布设置"对话框，在其中选中需要的类型，单击"确定"按钮，保存设置，如图 13-15 所示。

2 选择"文件"→"发布预览"命令，从子菜单中选择所需的预览格式，如选择 Flash 命令，则发布的效果如图 13-16 所示。

图 13-15　"发布设置"对话框

图 13-16　发布预览

13.3.3　发布动画

在菜单下选择"发布"命令，之后 Flash 将完成剩余的所有工作——即用户在"发布设置"对话框中设置的各种文件类型都将被同时发布到硬盘内，用于保存 FLA 文件的指定文件夹中。

Flash 除可以发布成 SWF 格式的影片之外，还可发布成其他文件格式，这使得用户可以根据需要灵活地设计 Flash 动画，并将其提供给更多用户。下面利用发布命令将影片输出为 HTML 和 SWF 文件，其操作步骤如下。

1 选择"文件"→"打开"命令打开 Flash 动画原程序。

在设置文档属性时，所设置的帧频将显示在时间轴面板上。

❷ 选择"文件"→"发布设置"命令，弹出"发布设置"对话框，在"类型"选项中选中 Flash(.swf) 和"HTML 包装器"复选框，如图 13-17 所示。

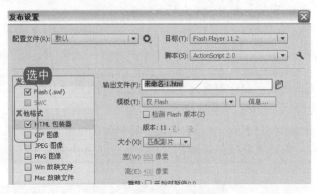

图 13-17　设置发布格式

❸ 切换到 Flash(.swf)选项卡，选择播放器版本和脚本类型，设置影片属性，如图 13-18 所示。

❹ 切换到"HTML 包装器"选项卡，对模板、尺寸等进行设置，设置完成后单击"发布"按钮即可，如图 13-19 所示。

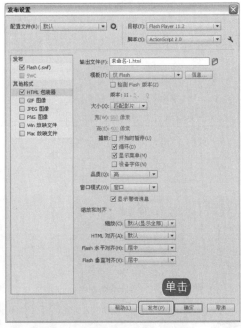

图 13-18　设置 Flash　　　　　　　　图 13-19　单击"发布"按钮

知识补充

创建扩展名为.swf 得文件是发布 Flash 动画的最佳选择。在 Web 浏览器中播放 SWF 影片，还需要将该 Flash 影片嵌入 HTML 文档中。通过该 HTML 文件才可以激活该影片，设置浏览器的参数后，在某种程度上可以决定 SWF 文件的播放效果。

影响笔记本电脑电池寿命的最主要因素是充电与放电的次数。

13.4　导出 Flash 动画

当动画进行下载性能测试和优化之后用户就可以将其导出，Flash 在"文件"菜单中提供了"导出"命令。在 Flash 中既可以导出整个动画文件，也可以导出声音文件，还可以导出动画图像，下面分别对其进行介绍。

■■书盘互动指导■■

⊙　示例	⊙　在光盘中的位置	⊙　书盘互动情况
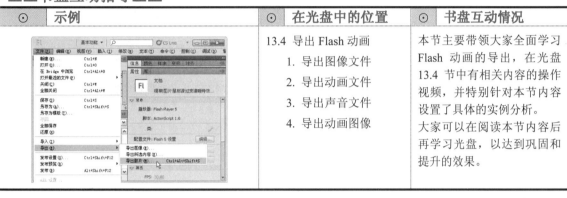	13.4　导出 Flash 动画 　1．导出图像文件 　2．导出动画文件 　3．导出声音文件 　4．导出动画图像	本节主要带领大家全面学习 Flash 动画的导出，在光盘 13.4 节中有相关内容的操作视频，并特别针对本节内容设置了具体的实例分析。 大家可以在阅读本节内容后再学习光盘，以达到巩固和提升的效果。

跟着做 1✎　导出图像文件

在 Flash CS6 中，可以将 Flash 文档中的图像导出作其他用途，导出图像的具体操作步骤如下。

❶ 打开一个 Flash 文档，使用"选择"工具选中整幅图形，选择"文件"→"导出"→"导出图像"命令，打开"导出图像"对话框。如图 13-20、图 13-21 所示。

图 13-20　选中整幅图

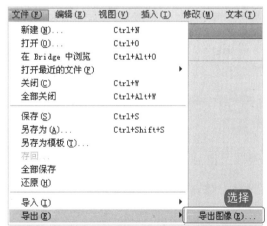

图 13-21　"导出图像"命令

❷ 在"保存在"下拉列表框中选择要保存的位置，在"文件名"文本框中输入文件名，如图所示，如图 13-22 所示。

如果用户所选择的当前帧数较大，则更难体现"帧居中"功能。

③ 在"保存类型"下拉列表框中选择需要的文件格式，单击"保存"按钮，即可将图像导出到设置的位置，如图 13-23 所示。

图 13-22　选择保存路径、输入文件名　　　　图 13-23　选择保存类型、保存文件

跟着做 2 ☛ 导出动画文件

导出动画文件的具体操作步骤如下。

① 在 Flash CS6 中打开要导出的动画程序，选择"文件"→"导出"→"导出影片"命令，如图 13-24 所示。

② 在"保存在"下拉列表框中选择要保存的位置，在"文件名"文本框中输入文件名，如图所示，在"保存类型"下拉列表框中选择需要的文件格式，如图 13-25 所示。

图 13-24　选择"导出影片"命令　　　　　图 13-25　选择保存类型

③ 单击"保存"按钮，即可导出影片。在目标位置打开保存的 SWF 文件即可进行查看。

跟着做 3 ☛ 导出声音文件

导出声音文件的具体操作步骤如下。

为了尽量减少充电的次数，可以让笔记本电脑在使用电池驱动时，调暗屏幕亮度、降低CPU速度以减少耗电量。

❶ 在 Flash CS6 中打开要导出的动画程序，选取某帧或场景中要导出的声音，选择"文件"→ "导出"→"导出影片"命令，如图 13-26 所示。

❷ 单击"保存"按钮，弹出"导出 Windows WAV"对话框，在该对话框中选择合适的声音格式，如图 13-27 所示。

图 13-26　选择保存类型

图 13-27　选择声音格式

❸ 单击"确定"按钮即可保存声音文件。

跟着做 4 ☞ 导出动画图像

导出动画图像的具体操作步骤如下。

❶ 在 Flash CS6 中打开要导出的动画程序，选中某帧或场景中要导出的图形，选择"文件"→ "导出"→"导出影片"命令，如图 13-28 所示。

❷ 单击"保存"按钮，弹出"导出 JPEG"对话框。在该对话框中进行相应的设置，如图 13-29 所示。

图 13-28　选择数据区域

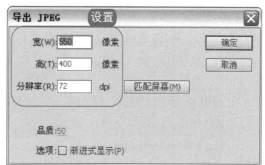

图 13-29　选择图表类型

❸ 单击"确定"按钮之后，在目标位置将会出现一张或多张 JPEG 图片。

新建的 Flash 文档只有一个默认的图层，而在动画制作过程中往往不止一个图层，这就需要动画创作者对图层进行操作。

知识补充 ★

在"导出影片"对话框中保存的文件是动态的，导出影片的操作与导出图像类似，但在选择"保存类型"选项时有所不同，在"导出影片"对话框中保存的文件应注意以下选项的特点：

- 选择 Flash(*.swf)文件，导出的文件是动态 swf 文件，只有在安装了 Flash 播放器的浏览器中才能播放，这也是 Flash 动画的默认保存文件类型。
- 选择 WAV 音频文件(*.wav)文件，仅导出影片中的声音文件。
- 选择 AdobeIllustrator 序列文件(*.ai)文件，保存影片中每一帧中的矢量信息，在保存时可以选择编辑软件的版本，然后在 AdobeIllustrator 中进行编辑。
- 选择 GIF 动画(*.gif)文件，保存影片中的每一帧的信息组成一个庞大的动态 GIF 动画。此时可以将 Flash 理解为制作 GIF 动画的软件。
- 选择 JPEG 序列文件(*.jpg)文件，将影片中每一帧的图像依次导出为多个*.jpg 文件。

学 习 小 结

本章主要介绍了影片测试和优化的多种方法，及影片可被发布的多种类型，此外，还介绍了每种文件类型的发布参数及设置方法。

在本章中，读者学习了预览影片以及发布影片的相关过程，并通过一个具体的实例介绍了影片的发布方法。

下面对本章的重点做个总结。

(1) 在 Flash 中，帧的类型包括普通帧、关键帧和空白关键帧。

(2) 掌握在 Flash CS6 中帧的插入、选择、复制和粘贴、删除、清除、移动、翻转等操作。

(3) 熟悉在 Flash CS6 中帧的显示模式、时间轴与帧相关的功能以及绘图纸功能的作用。

(4) 掌握逐帧动画、形状补间动画和动作补间动画的基本创建方法，学会在形状补间动画中应用形状提示。

互 动 练 习

1. 选择题

(1) 在使用 Flash CS6 进行影片发布时，(　　)格式是错误的。

　　A．HTML　　　　　　　　　　　　　B．SWF

　　C．GIF　　　　　　　　　　　　　　D．FLA

(2) 要对影片进行测试，下面(　　)方法是正确的。

　　A．Enter　　　　　　　　　　　　　B．Ctrl+Enter

　　C．Shift+Alt+Enter　　　　　　　　D．Shift+Enter

(3) 创建扩展名为(　　)的文件是发布 Flash 动画的最佳途径，它也是为了从 Web 获取用户制作动画的第一步。

　　A．SWF　　　　　　　　　　　　　B．HTML

　　C．JPEG　　　　　　　　　　　　　D．GIF

使用笔记本电池时还可以通过每一个月或几个月就把电池完全放电一次，这样可以延长其使用寿命。

2. 思考与上机题

(1) 请按照几种不同的方法播放 Flash Player 动画。

(2) 在导出动画之前,使用哪些操作可以缩小动画文件,从而减少下载时间?

(3) 运用添加形状提示的方法制作一个由字母"A"变换成字母"B"的形状动画。

电脑小百科

在 Flash 中,对图层进行操作或者对某个图层中的内容进行编辑时,一般都需要先选中该图层。

完美互动手册

第 14 章

Flash 动画制作超强辅助工具

本章导读

　　Flash 中有许多功能强大的辅助工具，在 Flash 制作过程中能起到很重要的作用。

　　本章主要介绍 Flash CS6 中辅助工具的相关知识及其基本操作，并通过实战的应用分析巩固和强化理论操作，帮助读者快速了解 Flash 动画制作的常用辅助工具及其使用方法。

精彩看点

● 制作文字特效
● 硕思闪客精灵

● Sound Forge 软件介绍
● Flash 文件搜索专家

14.1　制作 Flash 3D 动画效果

运用 Flash 软件可以制作出互动性很强的 2D 动画，但是 Flash 不支持灯光和镜头的自由运动，无法制作 3D 动画。但是 Electricrain 公司出品的 SWIFT 3D 是一个简便的可导出 Flash 动画(.swf) 的 3D 动画软件，支持灯光和材质，功能非常强大，并且具有 3DS MAX 制作 3D 模型和编辑 Flash 动画的功能，为动画制作带来了很大的方便。

━━书盘互动指导━━

⊙　示例	⊙　在光盘中的位置	⊙　书盘互动情况
	14.1 制作 Flash 3D 动画效果	本节主要带领大家全面学习制作 Flash 3D 动画效果，在光盘 14.1 节中有相关内容的操作视频，并特别针对本节内容设置了具体的实例分析。 大家可以在阅读本节图书内容后再学习光盘，以达到巩固和提升的效果。

制作 Flash 3D 动画效果的具体操作步骤如下。

跟着做 1☞3D 动画制作前期

3D 动画制作前期具体操作步骤如下。

❶ 启动 Swift 3D，选择 File→New 命令或单击工具栏中的 New 按钮新建一文件。

❷ 单击左面属性窗口中的 Layout，在下面的属性窗口中改变场景设置，如图 14-1 所示。

图 14-1　属性窗口

鼠标电路板上原件焊接不良可能会导致按键失灵，最常见的情况是电路板上的焊点长时间受力而导致断裂或脱焊。

❸ 单击工具栏中的 Create Text 按钮，在窗口中出现一个 Text 字体，在左面的属性窗口中可以对字体进行设置。

❹ 单击窗口下部左边的圆球，按住左键不放进行旋转，即可调整字体的旋转方向，使字体看起来更加立体美观，如图 14-2 所示。

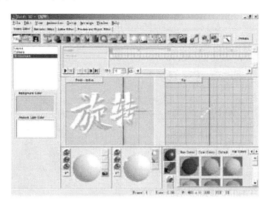

图 14-2　字体设置

跟着做 2　制作 3D 效果

制作 3D 效果具体操作步骤如下。

❶ 利用窗口中右面的圆球控制灯光，用鼠标左键按住其中的小球，可以任意旋转调整光源的位置，增添或删减光源。而左边的圆球面板是控制物体摆放角度，如图 14-3 所示。

图 14-3　调整光源和角度

❷ 单击窗口左上角那个带蓝色圆球的按钮启用素材库，就可以看到包含许多不同颜色的球体。球状按钮的下方有个小按钮可按，所起作用是切换填充属性，如图 14-4 所示。

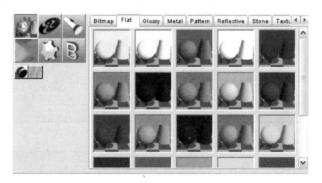

图 14-4　素材库

❸ 单击右下角窗口中的 Show Animations 按钮，打开动画资源库，即可添加不同的动画效果。

在多层动画的制作过程中，为了操作方便，往往需要将一些图层隐藏起来，在制作完成后，再将其显示在舞台中。

④ 单击 Swift 3D 主窗口中的 Preview and Export Editor 标签，弹出预览和生成动画窗口，文件类型选择 Flashplayer(swf)，在 Render Preview 区域中单击 Generate Entire Animation 按钮，生成动画，如图 14-5 所示，可放入网页，如图 14-6 所示。

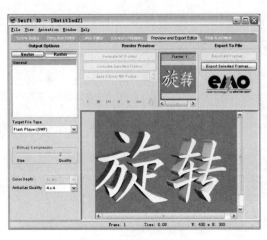

图 14-5　生成 3D 动画

图 14-6　放入网页

14.2　Flash 文字特效

我们在浏览网站时，可以看到无论是网站的 Logo 还是广告都会大量运用 Flash 制作的各种精美的特效字。下面为大家介绍两款专门制作 Flash 特效字的软件，读者可以轻松制作漂亮流畅的 Flash 特效字。

■■■书盘互动指导■■■

⊙　示例	⊙　在光盘中的位置	⊙　书盘互动情况
	14.2 Flash 文字特效 　2. Mix-FX 制作文字特效	本节图书主要带领大家全面学习 Flash 文字特效，在光盘 14.2 节中有相关内容的操作视频，并特别针对本节内容设置了具体的实例分析。 大家可以在阅读本节图书内容后再学习光盘，以达到巩固和提升的效果。

14.2.1　Anim-FX 制作文字特效

Anim-FX 是 Flash 文字特效制作工具，您能用它作出各种生动活泼的文字动画，而且使用简单，但是不支持简体中文输入。

灵敏度变差是光电鼠标的常见故障，具体表现为移动鼠标时，光标反映迟钝，不听使唤。

14.2.2　Mix-FX 制作文字特效

下面是使用 Mix-FX 制作文字特效的步骤。

① 下载安装并运行 Mix-FX 软件后，进入软件主界面，界面上方是特效字的设置区域，下面则是预览窗口，可实时显示文字效果，如图 14-7 所示。

图 14-7　主界面

② 在 Text 标签页中输入制作成 Flash 的原始文字，只限于英文，输入文字后选择文字效果然后单击 Update 按钮，即可看到效果。

③ 单击 Text Effect 标签页，可设置文字的大小和旋转角度。在参数滑杆下面是文字颜色下拉列表框，可对文字颜色进行设置。

④ 单击 Background Effects，在 Select Background 下拉列表框中选择 Flash 背景，即可制作出文字与动态背景相结合的 Flash 特效字，如图 14-6 所示。

⑤ 在 Movie Colour 中设置 Flash 的背景色，Dimensions 中输入要输出的 Flash 大小，设置完毕后单击 Update 生效，保存 Flash 特效字，如图 14-8 所示。

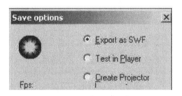

图 14-8　保存设置

14.3　制作复杂的文字特效

　　SWiSHmax 是 Swish 的最新版本，是非常容易的动画制作软件。SWiSH 是一个快速、简单且经济的方案，只要点几下鼠标，就可以创建丰富的动画形式。

　　如果文档中的图层比较多，可以在时间轴中创建图层文件夹以便对图层进行管理。

⊙ 示例	⊙ 在光盘中的位置	⊙ 书盘互动情况
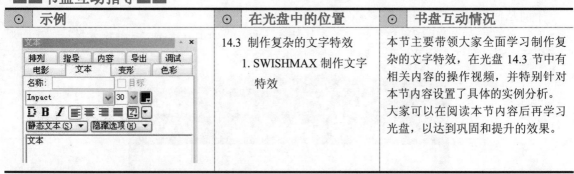	14.3 制作复杂的文字特效 　　1. SWISHMAX 制作文字 　　　特效	本节主要带领大家全面学习制作复杂的文字特效，在光盘 14.3 节中有相关内容的操作视频，并特别针对本节内容设置了具体的实例分析。 大家可以在阅读本节内容后再学习光盘，以达到巩固和提升的效果。

14.3.1　SWISHMAX 简介

　　SWiSH 跟 Macromedia Flash 是相同的 SWF 输出格式，SWiSH 可以创造所有需要上传到 Web server 的文件，也可以产生 HTML 代码，让其贴到现有的网页中。

　　SwiSHmax 操作方便，用来创建直线、正方形、椭圆形、贝塞尔曲线、动作路径、精灵等所有工具，全都在一个非常容易使用的界面里。此外，SWiSHscript 脚本编辑器允许进阶用户可直接进入编写程式。

14.3.2　SWISHMAX 制作文字特效

　　下面是使用 SWISHMAX 制作文字特效的步骤。

❶ 启动 SwiSHmax，在"开始新建一个空电影"、"开始从模板新建一个电影"、"继续一个存在的电影"和"继续您上次保存的电影"4 个选项中选择"开始新建一个空电影"，如图 14-9 所示。

图 14-9　新建空电影

❷ 在"电影"选项卡中设置动画背景的颜色、动画播放速率等，或者通过调整矩形控制柄设置动画幅面，如图 14-10 所示。

❸ 切换到 Text Effect 选项卡，可设置文字的大小和旋转角度。在参数滑杆下面是文字颜色下拉列表框，可对文字颜色进行设置。

光电鼠标电缆芯线断线主要表现为光标不动或时好时坏，用手推动连线，光标抖动。

图 14-10　电影选项卡

④ 在工具面板中选择"文本"工具，在场景中单击鼠标创建文本框，在"文本"选项卡中输入文字，并设置字体、大小和颜色，如图 14-11 所示。

⑤ 选择文本，单击"时间线"左上角的"添加效果"按钮，选择自己喜欢的效果，如图 14-12 所示。

14-11　"文本"选项卡

图 14-12　时间线

⑥ 选择"显示到位置"→"打字机"效果，单击主工具栏"播放电影"按钮就可以预览打字动画效果。

⑦ 在打字动画播放完毕后，也可以在"打字效果"后面的任意帧双击来延长文字静止的时间。

⑧ 在文字静止一段时间后，可以在"移动"效果的后面单击选择一个空白帧，确定添加效果的时间位置，再选择"显示到位置→渐进→向内擦除"效果，之后就会看到文字淡入的效果，如图 14-13 所示。

⑨ 设置"导出选项"为 SWF(Flash)，再设置"要导出的 SWF 版本"，然后选中"适合用作电影剪辑"复选框，设置完成后就可以执行"文件"→"导出"→SWF 命令将动画导出，如图 14-14 所示。

电脑小百科

在 Flash 中按 Ctrl+L 组合键可打开元件库。

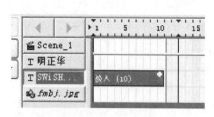

14-13 文字淡入 　　　　　　　　图 14-14 导出动画

14.4　Flash 文件的解析、搜索

Flash 文件解析是指能够将 flash 动画中的图片、矢量图、声音、视频、帧等基本元素完全分解，最重要的是可以对动作的脚本进行解析，清楚地显示其动作的代码。Flash 文件搜索是指能够找到自己电脑上或缓存文件夹里的 SWF 文件。

14.4.1　硕思闪客精灵 MX 2005

硕思闪客精灵是一款用于浏览和解析 Flash 动画(.swf 文件和.exe 文件)的工具，具有支持大量数据的反编译和导出的优点，并且可以将 SWF 格式文件转化为 FLA 格式文件。

硕思闪客精灵还提供了一个辅助工具——闪客名捕是硕思闪客精灵的辅助工具，它是一个 SWF 捕捉工具，可以使用它来捕捉 Flah 动画并保存到本机。

14.4.2　Flash 文件搜索专家 FlashJester WOOF

FlashJester WOOF 是一款辅助搜索本地硬盘中的 Flash 等文件的共享软件，可以在本地路径、IE 浏览器的缓存文件夹里检索并预览 SWF 文件，为我们的工作带来了极大的便利。FlashJester WOOF 支持 Flash 格式、RealPlayer 格式文件和 JPEG 格式三种媒体类型 FlashJester WOOF 的卡通界面也很漂亮，如图 14-15、图 14-16 所示。

图 14-15　FlashJester WOOF 的卡通界面

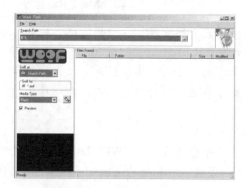

图 14-16　安装后主程序

鼠标按键失灵多为微动开关中的簧片断裂或内部接触不良，这种情况需要另换一只按键。

14.5　巧妙实现 Flash 音频处理

随着电脑多媒体技术的发展，人们开始接触电脑音频制作。由于 Flash 这类技术的大量涌现，许多人也开始需要掌握音频编辑技术。

目前广泛使用的音频编辑软件有 Sound Forge 、Wavelab、Cool Edit 这三种。而 Sound Forge 的使用人数最多。Sound Forge 的操作完全是 Windows 的风格，很容易学。只要学会了 Sound Forge，其他的音频编辑软件基本上都了解了。

Sound Forge 是著名的 Sonic Foundry 公司的产品，是一个很全面的音频编辑软件，使用非常广泛，它可以制作音乐，编辑游戏音效等。从某种意义上来说，只要把声音放入这个软件里，你就能把它锻造成你想要的任何形状。

Sound Forge 能够非常方便、直观地实现对音频文件(wav 文件)以及视频文件(avi 文件)中的声音部分进行各种处理，满足所有用户的各种要求，是多媒体开发人员首选的音频处理软件之一。

在成功地安装了 Sound Forge 4.5 之后，我们单击"开始"菜单的"程序"，选择 Sonic Foundry Sound Forge，单击 Sound Forge 4.5，就可以运行这个软件了，如图 14-17 所示。

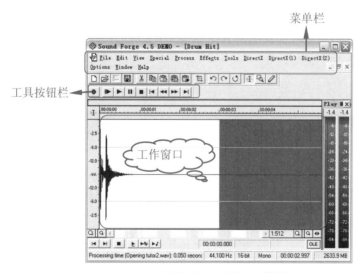

14-17　Sound Forge 界面

图 14-18 中是 Sound Forge 界面的几个基本要素。

- 工作台面下拉菜单栏 Sound Forge 的所有功能都可以通过单击这里的菜单选项来完成，后面我们会介绍这些菜单的使用。
- 工具按钮栏，可以非常方便快捷地进行某项操作。在下拉菜单 View 中的 Toolbar 选项的设置中，几乎下拉菜单的功能都放置到工具按钮栏中去。
- 工作区是对多个声音文件进行处理加工的地方，包括声音波形显示区、音量标尺、时间标尺、播放控制按钮、状态条和音量监视器(见图 14-19)，其中声音波形显示区是工作窗口最主要的部分。音量标尺是指通过声音波形的波动幅度来表现音量的大小。

只有当目标文件夹为按钮、图形和影片剪辑时，单击"属性"按钮，才会打开"元件属性"对话框。

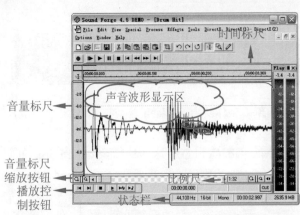

图 14-18　Sound Forge 界面显示

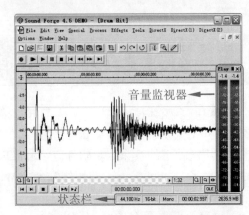

图 14-19　状态栏和音量监视器

学 习 小 结

　　本章主要介绍动画制作超强辅助工具，主要包括 Flash3D、Anim-FX、Mix-FX、SWISHMAX、SWISHMAX、FlashJester WOOF 和 Sound Forge，基本熟悉它们的功能以及操作，使我们在以后的学习工作中更方便地使用它们。

　　下面对本章的重点做个总结。

　　(1) 了解和认识 Flash 动画制作的辅助工具。

　　(2) 学习和了解 Flash 文字特效。

　　(3) 了解 Flash 音频。

互 动 练 习

1. 选择题

(1) FlashJester WOOF 支持的媒体类型有 RealPlayer 格式、Flash 格式和(　　)。

　　A．JPEG 格式　　　　　　　　　　B．bmp 格式

　　C．png 格式　　　　　　　　　　　D．gif 格式

(2) 硕思闪客精灵软件的作用(　　)。

　　A．搜索文件　　　　　　　　　　　B．文件格式转换

　　C．解析文件　　　　　　　　　　　D．音频处理

(3) 下面关于 Swift 3D 的描述错误的是(　　)。

　　A．兼容性和被兼容性好　　　　　　B．能够渲染 SWF 文件

　　C．导入和导出的格式多样　　　　　D．动画库支持拖放操作

2. 思考与上机题

(1) 用 SWISHMAX 软件制作文字特效。

(2) 使用 Sound Forge 软件处理 Flash 音频。

键盘上的某一个键字符不能输入，可能是由于该按键失效或焊点虚焊所致。

完美互动手册

第 15 章

Flash CS6 设计实例

本章导读

前面已对 Flash CS6 的基础知识做了详细的介绍。在实际的动画设计中常需要对帧、图层、元件、库和特效等进行综合的应用，以及对图形、图像、文本和声音等多媒体素材进行整合，因此我们在这里以制作贺卡、网页广告、自动考试题、小游戏、MTV 短片动画和模拟太阳系运动 6 个综合实例来展示 Flash CS6 在动画制作中的强大功能。

精彩看点

- Flash 软件的安装、卸载
- Flash 操作界面和基本工具
- Flash 软件的运行
- Flash 文档的基本操作

15.1 制作石头剪子布游戏

Flash 实例解析

运行设计游戏在很多人眼里是一件难度非常高的工作，利用 Flash CS6 的 ActionScript 语言，用户可以轻松设计出图像精美、活泼有趣的小游戏。Flash 游戏是一种新兴起的游戏形式，以游戏简单，操作方便，绿色，无需安装，文件体积小等优点深受广大网友喜爱。

■■■书盘互动指导■■■

⊙ 示例	⊙ 在光盘中的位置	⊙ 书盘互动情况
	15.1 制作石头剪子布游戏 1. 创建石头剪子布按钮元件 2. 创建文本元件 3. 创建影片剪辑元件 4. 创建按钮脚本 5. 创建控制层一 6. 创建控制层二 7. 创建背景层	本节主要介绍了以上述所学为基础的综合实例操作方法，在光盘 15.1 节中有相关操作的步骤视频文件，以及原始素材文件和处理后的效果文件。 大家可以选择在阅读本节内容后再学习光盘，以达到巩固和提升的效果，也可以对照光盘视频操作来学习图书内容，以便更直观地学习和理解本节内容。

Flash 游戏在游戏形式上的表现与传统游戏基本无异，但主要生存于网络之上，因为其体积小、传播快、画面美观，所以大有取代传统 Web 网游的趋势，现在国内外用 Flash 制作无端网游已经成为一种趋势，只要浏览器安装了 Adobe 的 Flash Player，就可以玩所有的 Flash 游戏了，这比传统的 Web 网游进步许多。但是 Flash 游戏也有自身的缺点，比如安全性差，不能承担大型任务等。所以使用者应该尽量扬长避短。

这是一个"石头、剪子、布"的游戏。本游戏设计有 3 个场景，第一个场景显示欢迎界面，按 Enter 键进入游戏；第二个场景中显示几个按钮、动态文本框等内容，单击左下方的 3 个按钮之一，选择用户要出的是哪一样，在画面的左边会出现你刚才选择的内容，右边会出现电脑随机选择的内容，画面中会动态统计所玩的总次数、玩家胜的场数和电脑胜的场数直到总次数大于 30；第三个场景是根据用户胜的场数和电脑胜的场数多少自动跳转的，主要显示比赛的结果。

下面是制作石头剪子布游戏的具体步骤。

跟着做 1 ☞ 创建石头剪子布按钮元件

下面是创建石头剪子布按钮元件的具体步骤。

❶ 启动 Flash CS6，新建一个名为"石头剪子布"的 ActionScript 2.0 蓝色空白文档。

❷ 导入 5 张图片到库，将图层 1 命名为"场景"，在"场景"图层的第 2 帧中绘制布局，如图 15-1 所示。

关闭动画效果可以提高打开窗口的速度。

❸ 按 Ctrl+F8 组合键，创建一个按钮元件"石头 2"，将石头位图拖到按钮舞台中，并将其转换为"石头"图形元件，如图 15-2 所示。

图 15-1　绘制布局

图 15-2　"石头"图形元件

❹ 选中"指针经过"和"按下"帧，按 F6 键插入关键帧，如图 15-3 所示。

图 15-3　插入关键帧

❺ 在"指针经过"帧选中图形，打开"属性"面板，设置颜色的色调，如图 15-4、图 15-5 所示。

图 15-4　"属性"面板

图 15-5　显示效果

❻ 在"按下"帧中设置图形色调，如图 15-6、图 15-7 所示。

要应用混合墓室，只能是按钮实例和影片剪辑实例。

图 15-6　设置图形色调

图 15-7　显示效果

7 用同样的方法创建"剪子 2"和"布 2"按钮，如图 15-8、图 15-9 所示。

图 15-8　显示效果

图 15-9　显示效果

8 返回到场景舞台，新建图层"按钮"，在第 2 帧插入关键帧，将 3 个按钮元件拖到舞台下方，并缩放一定大小，如图 15-10、图 15-11 所示。

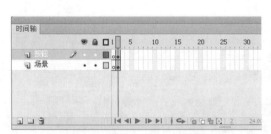

图 15-10　新建图层

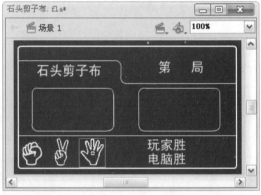

图 15-11　显示效果

跟着做 2 ☞ 创建文本元件

下面是创建文本元件的具体步骤。

1 新建图层"文本"，在该图层的第 2 帧插入关键帧。

2 选择"文本"工具 T，在"玩家胜"后面绘制一个动态文本框，如图 15-12 所示。

电脑的上网方式主要有 ADSL 上网、LAN 共享上网、HFC 接入上网这三种，使用不同方式进行上网，其设置是不一样的。

③ 按 Ctrl+F3 组合键打开"属性"面板，在"文本类型"下拉列表框中选择"动态文本"选项，设置其变量为 pla，如图 15-13 所示。

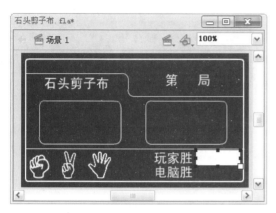

图 15-12 显示效果

图 15-13 "属性"面板

④ 用同样的方法在"电脑胜"后面和"第 局"中间绘制动态文本框，将"电脑胜"的动态文本框的变量设为 com，"第 局"的动态文本框设为 total，如图 15-14 所示。

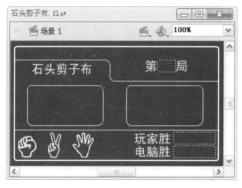

图 15-14 显示效果

知识补充

绘制该动态文本的目的是显示玩家获胜的局数。分别给 3 个动态文本指定了变量名，用于接受在游戏动态交互过程中获胜的局数。

跟着做 3 ☞ 创建影片剪辑元件

下面是创建影片剪辑元件的具体步骤。

① 按 Ctrl+F8 组合键，新建"动画"影片剪辑元件。

② 单击图层 1 的第 2、3、4 帧，并分别插入关键帧。将库中的石头、剪子、布图形元件依次拖到这 3 个帧中，如图 15-15 所示。

将时间轴特效应用于影片剪辑时，特效将嵌套在该影片剪辑中。

3 单击 "编辑多个帧" 按钮 ▣，显示 3 个帧中的元件，按 Ctrl+K 组合键打开 "对齐" 面板，选中 "与舞台对齐" 复选框，依次单击 "水平中齐" 按钮 ▣ 和 "垂直中齐" 按钮 ▣，如图 15-16 所示。

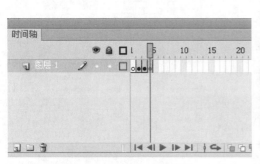

图 15-15　插入关键帧

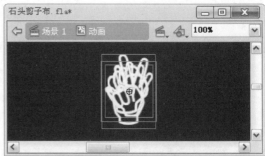

图 15-16　显示效果

4 选中第 1 帧，按下 F9 键打开 "动作" 面板，输入如下脚本，如图 15-17、图 15-18 所示。

图 15-17　选中帧

图 15-18　输入脚本

5 返回到场景舞台，新建图层 "动画"，在第 2 帧插入关键帧，如图 15-19 所示。

6 按 Ctrl+L 组合键打开 "库" 面板，将 "动画" 元件拖到左侧圆角矩形框中，并在 "属性" 面板中将其实例名称改为 "person"。

7 再次将 "动画" 元件拖到右侧圆角矩形框中，将其实例名称改为 "computer"，如图 15-20 所示。

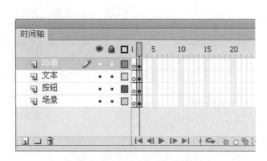

图 15-19　插入关键帧

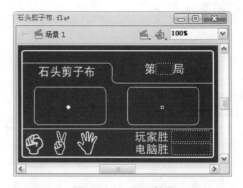

图 15-20　显示效果

ADSL 也被叫做 "非对称数字用户线路"，它主要是通过电话线及 ADSL 专业的调制解调器来与网络服务商进行链接，然后再连接上 Internet。

跟着做 4☞　创建按钮脚本

下面是创建按钮脚本的具体步骤。

1 选中"石头 2"按钮，在"动作"面板中添加如下脚本，如图 15-21 所示。

2 选中"剪子 2"按钮，在"动作"面板中添加如下脚本，如图 15-22 所示。

图 15-21　输入脚本　　　　　　　　　　图 15-22　输入脚本

3 选中"布 2"按钮，在"动作"面板中添加如下脚本，如图 15-23 所示。

图 15-23　输入脚本

知识补充 ★

图 15-21 代码解释:

第 2 行: 单击按钮，游戏总数 total 自动增加 1。

第 3~7 行: 如果 total 等于 31，total 自动减 1 并跳转到第 5 帧; 否则自动产生一个 2~4 的随机

添加时间轴特效时，将向"库"面板中添加一个与该特效同名的元件或文件
夹，它包含了在创建特效时所使用的元素。

数,再赋给变量a。

第 8~12 行:如果 a 的值是 4,让变量"com"增加 1,并让"动画"跳转到"computer"影片剪辑的第 4 帧。

第 13~17 行:如果 a 的值是 3,让变量"pla"增加 1,并让"动画"跳转到"computer"影片剪辑的第 3 帧。

第 18~21 行:如果 a 的值是 2,让"动画"跳转到"computer"影片剪辑的第 2 帧。

第 22~26 行:让"动画"跳转到"person"影片剪辑的第 2 帧。

图 15-22 代码解释:

第 3~7 行:如果 total 等于 31,total 自动减 1 并跳转到第 5 帧;否则自动产生一个 2~4 的随机数,再赋给变量 a。

第 8~12 行:如果 a 的值是 4,让变量"pla"增加 1,并让"动画"跳转到"computer"影片剪辑的第 4 帧。

第 13~16 行:如果 a 的值是 3,让"动画"跳转到"computer"影片剪辑的第 3 帧。

第 17~21 行:如果 a 的值是 2,让变量"com"增加 1,并让"动画"跳转到"computer"影片剪辑的第 2 帧。

第 22~25 行:让"动画"跳转到"person"影片剪辑的第 3 帧。

跟着做 5 ✎ 创建控制层一

下面是创建控制层一的具体操作步骤。

❶ 按 Ctrl+F8 组合键,创建名为"再来一次"的按钮元件。

❷ 在"弹起"帧输入白色文本"再来一次",复制一份文本,将其颜色改为黑色,并右击该文本,在弹出的快捷菜单中选择"排列"→"移至底层"命令,并向右移动几个像素,如图 15-24 所示。

❸ 选中"指针经过"、"按下"和"点击"帧,按下 F6 键插入关键帧,如图 15-25 所示。

图 15-24 输入文本

图 15-25 插入关键帧

❹ 在"指针经过"帧将白色文本改为黄色。在"点击"帧选择"矩形"工具▭绘制一个矩形,使其刚好覆盖文字,并将文本删除,只留矩形,如图 15-26 所示。

❺ 用同样的方法依次创建"是"、"否"和"退出"按钮。

❻ 返回到场景舞台,新建图层"控制",选中第 1 帧,打开"动作"面板,输入如下脚本。

```
stop();
```

电影胶片以每秒 24 格(帧)画面匀速转动,一系列静态画面就会因视觉暂留作用而造成一种连续的视觉印象,产生逼真的动感。

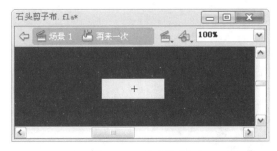

图 15-26　绘制矩形

7 在第 2 帧按下 F6 键插入关键帧，打开"动作"面板，输入如下脚本，如图 15-27 所示。

8 在第 5 帧插入关键帧，打开"动作"面板，输入如下脚本，如图 15-28 所示。

```
pla = 0;
com = 0;
total = 0;
stop();
```

图 15-27　输入脚本

```
if (pla > com) {
    gotoAndStop(6);
} else if (pla < com) {
    gotoAndStop(7);
}
else if (pla == com) {
    gotoAndStop(8);
}
```

图 15-28　输入脚本

知识补充 ★

代码解释：

如果 pla>com 就跳转到第 6 帧，否则如果 pla<com 就跳转到第 7 帧，如果 pla==com 就跳转到第 8 帧。

跟着做 6 ☞ 创建控制层二

下面是创建控制层二的具体步骤。

1 在第 6 帧插入关键帧，选择"文本"工具 **T**，输入"玩家：胜出"文字，如图 15-29 所示。

2 在"玩家"后绘制一个动态文本，设置其"变量"为 pla。在胜出前绘制一个动态文本，设置其"变量"为 com，如图 15-29 所示。

3 打开"库"面板，将"再来一次"和"退出"按钮元件拖动到舞台中，如图 15-30 所示。

4 单击"再来一次"按钮，打开"动作"面板并输入脚本 on (press) {gotoAndPlay(2);}，如图 15-31 所示。

5 单击"退出"按钮，打开"动作"面板并输入脚本 on (press) {gotoAndStop(9);}，如图 15-32 所示。

HFC 又称有线网，是指光纤和同轴电缆相结合的混合网络，其主要的接入原理是利用有线电视网来进行高速的数据传输。

图 15-29　显示效果　　　　　　　　　　图 15-30　显示效果

图 15-31　输入脚本

图 15-32　输入脚本

6 选中第 7、8 帧，按 F6 键插入关键帧。在第 7 帧，将"玩家：胜出"改为"玩家：输给电脑"，如图 15-33 所示。

7 在第 8 帧，将"玩家：胜出"改为"玩家：打成平手"，如图 15-34 所示。

图 15-33　显示效果

图 15-34　显示效果

8 在第 9 帧按 F7 键插入空白关键帧，将"是"、"否"按钮元件拖到舞台中，如图 15-35、图 15-36 所示。

9 单击"是"按钮打开"动作"面板并输入 on (release) {fscommand("quit");}脚本，如图 15-37 所示。

10 单击"否"按钮打开"动作"面板输入 on (press) {gotoAndPlay(2);}脚本，如图 15-38 所示。

所谓的形状动画，实际上是由一种对象变换成另一个对象，而该过程只需要用户提供两个分别包含有变形前和变性后对象的关键帧，中间过程将有 Flash 自动完成。

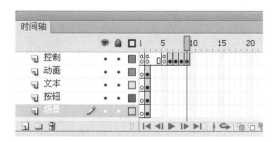

图 15-35　插入空白关键帧

图 15-36　显示效果

图 15-37　输入脚本

图 15-38　输入脚本

知识补充 ⭐

代码解释:

当单击"再来一次"按钮时跳转到第 1 帧,并播放动画。

当单击"退出"按钮时,跳转到第 9 帧,并停止动画。

当单击"是"按钮时,跳转到第 1 帧并播放动画。Fscommand()函数只能用在发布成 exe 格式的文件里。

跟着做 7 ☞ 创建背景层

下面是创建背景层的具体步骤。

① 新建图层"背景",并将其移至场景层之下,如图 15-39 所示。

② 打开"库"面板,将"背景"图片拖到舞台中,并设置图片的大小与舞台一致,如图 15-40 所示。

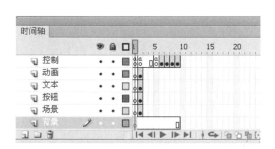

图 15-39　新建图层

图 15-40　拖入图片

电脑小百科

271

通过对 IE 浏览器的安全属性进行调整,禁用 IE 浏览器中的活动脚可以解决单击鼠标右键不能弹出菜单对网页进行复制和粘贴操作的问题。

❸ 按 Ctrl+F8 组合键，新建一个 "Enter" 按钮元件，将 "库" 面板中的 enter 位图拖到 "弹起" 帧下并将其转换为 "enter1" 图形元件，如图 15-41 所示。

❹ 在 "指针经过" 和 "按下" 帧插入关键帧，如图 15-42 所示。

图 15-41 拖入元件

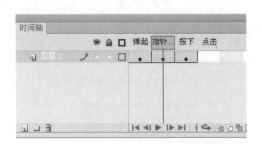

图 15-42 插入关键帧

❺ 选中 "指针经过" 帧下的图形元件，打开 "属性" 面板，设置亮度为-30，如图 15-43 所示。

❻ 返回到场景中，在 "背景" 层之上新建图层 Enter，并删除第 2 到 9 帧，如图 15-44 所示。

图 15-43 显示效果

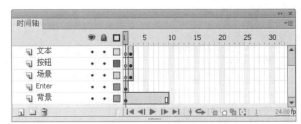

图 15-44 新建图层

❼ 单将 "库" 面板中的 Enter 按钮拖到场景中，打开 "动作" 面板输入 "on (press) {gotoAndPlay(2);}" 脚本，如图 15-45 所示。

❽ 使用 "文本" 工具 T，在场景中输入文字，并设置文字的字体、颜色和大小，如图 15-46 所示。

图 15-45 输入脚本

图 15-46 输入文字

电脑小百科

形状动画主要用于实现两个图形之间颜色、形状、大小和位置的相互变化，其变形的灵活性介于逐帧动画和动作动画二者之间，使用的元素多为鼠标或压感笔绘制出的形状。

⑨　按 Ctrl+S 组合键保存文档。按 Ctrl+Enter 组合键，对影片进行测试，如图 15-47 所示。

⑩　选择"文件"→"发布设置"命令，打开"发布设置"对话框，在"格式"选项卡中选中 Flash(.swf)
　　和 "Win 放映文件" 复选框，单击 "发布" 按钮，如图 15-48 所示。

图 15-47　测试影片

图 15-48　发布设置

15.2　制作广告

实例解析

　　市场中的各个主体为了宣传自己，通常会采用各种形式的广告，来扩大其商品和服务的知名
度及影响力。网站的扩大和推广同样离不开广告，网页广告通常放置在网页中的醒目位置，通过
图文和动画，能够形象地传达网站的主题，让浏览者迅速领会广告发布者的意图。

══书盘互动指导══

⊙　示例	⊙　在光盘中的位置	⊙　书盘互动情况
喜从天降.fla*	15.2　制作广告	本节主要介绍以上述所学为基础的综合实例操作方法，在光盘 15.2 节中有相关操作的步骤视频文件，以及原始素材文件和处理后的效果文件。大家可以选择在阅读本节内容后再学习光盘，以达到巩固和提升的效果，也可以对照光盘视频操作来学习图书内容，以便更直观地学习和理解本节内容。
	1. 制作元件	
	2. 制作场景动画	
	3. 制作文字动画	

　　Flash 广告具有交互性优势，这是与网络的开放性结合在一起的，使其可更好地满足受众的
需要，让欣赏者的动作成为动画的一部分，通过点击、选择等动作决定动画的运行过程和结果，
使广告的传达更加人性化，更有趣味，比起传统的各种形式的广告和公关宣传，通过 Flash 进行

对脚本设置完成后，刷新不能使用鼠标右键的网页，或重新打开该网页，就
可以使用鼠标进行相应的操作了。

产品宣传有着信息传递效率高、受众接受度高、宣传效果好的显著优势。

本实例是为一个数码城的促销活动制作的页边竖条广告，其制作要点主要有分为 3 个部分，制作元件词、制作场景动画和制作文字动画，从该实例中，主要学习如何系统地设计广告，掌握广告制作场景的布置、颜色的应用和气氛的营造等方法。

下面是制作广告的具体步骤。

跟着做 1☞ 制作元件

下面是制作元件的具体步骤。

❶ 启动 Flash CS6，新建一个尺寸为 100 像素×380 像素，名为"喜从天降"的空白文档。

❷ 使用工具箱中的工具，绘制包含蓝天白云，草地房屋的背景，并将其转换为 sky 图形元件，如图 15-49 所示。

❸ 新建 man 影片剪辑元件，绘制一个简单人物，如图 15-50 所示。

图 15-49　绘制背景

图 15-50　绘制简单人物

❹ 在第 2 帧插入关键帧，将人物的身体轮廓、眼睛大小、眉毛和嘴等进行适当修改，使人物出现惊讶效果，如图 15-51、图 15-52 所示。

图 15-51　插入关键帧

图 15-52　显示效果

❺ 将 man 元件放到场景舞台底部，调整其尺寸和位置。将 man 元件转换为 shadow 影片剪辑元件，如图 15-53 所示。

形状动作和动作动画都属于补间动画，前后都各有一个起始帧和结束帧。

图 15-53　显示效果

⑥ 双击该元件进入元件舞台，在第 15 帧插入帧，然后新建两个图层，如图 15-54 所示。

⑦ 在图层 2 的第 11 帧插入空白关键帧，然后在舞台中绘制出一个无边框，透明度 50% 的黑色矩形，如图 15-55 所示。

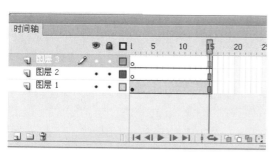

图 15-54　新建两个图层

图 15-55　显示效果

⑧ 在第 15 帧插入关键帧，使用"任意变形"工具将矩形拉长至盖住 man 元件，并为其创建形状补间动画，如图 15-56、图 15-57 所示。

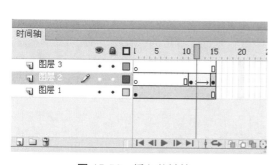

图 15-56　插入关键帧

图 15-57　创建形状补间动画

⑨ 将图层 1 的第 1 帧中复制到图层 3 的第 11 帧中，然后将该帧中的"man"元件打散为可编辑的矢量图，填充黑色，如图 15-58 所示。

⑩ 将图层 3 设置为遮罩层，表现出一个阴影渐渐笼罩人物全身的动画效果，如图 15-59 所示。

在上网或者安装过程中，有时一些插件会将用户的默认主页修改掉，此时用户可以通过更改主页来重新设置自己喜欢的主页。

图 15-58　显示效果

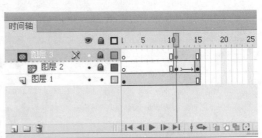

图 15-59　设置遮罩层

跟着做 2☞　制作场景动画

下面是制作场景动画的具体步骤。

① 返回场景舞台，在图层 1 的第 15 帧插入帧。新建图层 2，将图层 1 中的背景复制到图层 2 的第 16 帧，如图 15-60 所示。

② 在图层 2 的第 27 帧插入关键帧，将该帧中的 sky 元件向上移动到适当的位置，并在第 16 帧和第 27 帧之间创建传统补间动画，如图 15-61 所示。

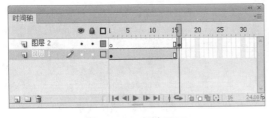

图 15-60　新建图层

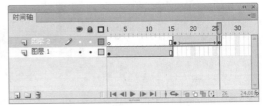

图 15-61　创建传统补间动画

③ 新建图层 3，在第 16 帧插入空白关键帧，绘制一个仿三维箭头，在其上输入"降价"，并将文字和箭头转换为 "arrow" 图形元件，如图 15-62 所示。

图 15-62　显示效果

④ 在图层 3 的第 27 帧插入关键帧，调整第 16 和 27 帧中箭头的位置，并为其创建补间动画，如图 15-63、图 15-64 所示。

将对象转换为元件的快捷键是 F8 键。

图 15-63　创建补间动画

图 15-64　显示效果

⑤ 在图层 1 的第 16 和 28 帧插入空白关键帧，分别复制图层 2 和 3 中第 27 帧的内容到第 28 帧的相同位置，如图 15-65 所示。

⑥ 在图层 1 的第 29 帧插入关键帧，绘制一块草坪，对其进行组合后移动到箭头的上一层以遮住部分箭头，做出箭头落下后插入草坪的效果，如图 15-66 所示。

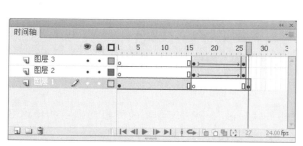

图 15-65　插入空白关键帧

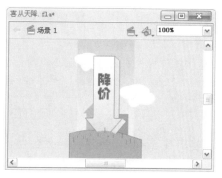

图 15-66　显示效果

⑦ 在第 80 帧插入帧，然后将第 30、31 帧转换为关键帧，并调节各关键帧中内容的位置，表现出上下震动的效果，如图 15-67 所示。

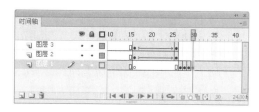

图 15-67　调节各关键帧

跟着做 3　制作文字动画

下面是制作文字动画的具体操作步骤。

① 新建图层 4，在第 35 帧插入空白关键帧，选择"文本"工具 **T** 在舞台顶部输入"12 月 1 日"，按 Ctrl+B 组合键两次将文字打散，并将其组合，为其添加白色轮廓，如图 15-68、图 15-69 所示。

IE 的安全级别关系着 IE 浏览器浏览网页等操作的安全性。用户可以在 IE 的 Internet 选项中修改安全级别。

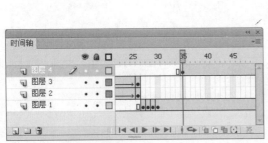

图 15-68　插入空白关键帧　　　　　图 15-69　显示效果

❷ 将第 35 帧至第 38 帧转换为关键帧，分别对各关键帧中图形的位置和大小进行修改，使其逐渐缩小，如图 15-70 所示。

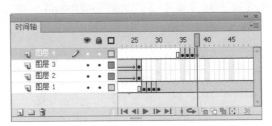

图 15-70　转换为关键帧

❸ 新建图层 5 和 6，用同样的方法制作"创科数码城"和"惊喜"的文字动画，并使这 3 个动画依次先后出现在画面中，如图 15-71、图 15-72 所示。

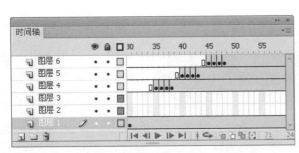

图 15-71　新建图层

图 15-72　显示效果

❹ 在图层 6 的第 48 帧中，将"惊喜"中的"惊"转换成"word"影片剪辑元件，在其第 2 帧中交换轮廓和填充的颜色，做出文字闪动的效果，如图 15-73 所示。

❺ 返回到场景舞台，新建图层 7，在第 50 帧插入空白关键帧，在"惊喜"下方制作"从天降"的描边文字，并将其转换为"move word"图形元件，如图 15-74、图 15-75 所示。

❻ 在第 60 帧插入关键帧，将第 50 帧中的文字向上移动并设置其 Alpha 为 0，为其创建补间动画，如图 15-76 所示。

在转换为元件时，可根据需要选择元件的中心点位置。

图 15-73　显示效果

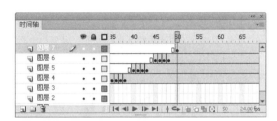

图 15-74　新建图层　　　　　　　　　　　　　图 15-75　显示效果

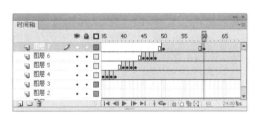

图 15-76　帧设置

7 新建图层 8，在舞台中绘制一个与舞台大小一致，填充透明度为 50% 的黑色矩形，将其转换为 btn 按钮元件，将"弹起"帧拖到"点击"帧，制作隐形按钮，如图 15-77、图 15-78 所示。

图 15-77　制作隐形按钮

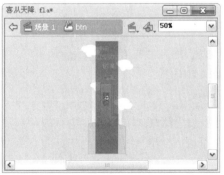

图 15-78　显示效果

如今有很多软件都有清理地址栏的功能，如 360 安全卫士、瑞星卡卡助手、Windows 系统优化大师等都有这个功能，使用这些软件来清理十分方便。

8 完成后按 Ctrl+Enter 组合键查看最终效果，按 Ctrl+S 组合键保存文档，如图 15-79、图 15-80 所示。

图 15-79　显示效果　　　　　　图 15-80　最终效果图

15.3　制作自动考试题

实例解析 Flash

　　自动考试题由于其具有良好的交互功能，能迅速地帮助使用者检测知识点的掌握程度，非常方便、实用，因此被广泛地应用在各种学习软件中，利用 Flash CS6 的基本工具和简易脚本可以轻松实现在线考试题的制作，简单易学。

■■书盘互动指导■■

⊙　示例	⊙　在光盘中的位置	⊙　书盘互动情况
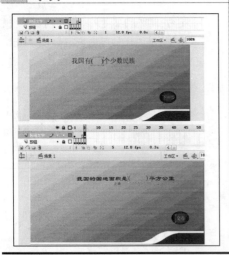	15.3　制作自动考试题 1. 新建文档，并导入背景图片 2. 制作"题目"层和"输入"层 3. 制作按钮及"按钮"图层 4. 制作"正确"图层和"错误"图层 5. 制作"控制帧"图层	本节主要介绍以上述所学为基础的综合实例操作方法，在光盘 15.3 节中有相关操作的步骤视频文件，以及原始素材文件和处理后的效果文件。 大家可以选择在阅读本节内容后再学习光盘，以达到巩固和提升的效果，也可以对照光盘视频操作来学习图书内容，以便更直观地学习和理解本节内容。

选择"钢笔"工具的快捷键是 P。

这是一个简易的考试题系统，进入界面之后，出现第一道考题，在括号之处输入答案，然后单击"下一步"按钮，直到做完所有的题目，最后单击"交卷"按钮，在场景中会统计出答题的正确数与错误数。

本实例制作要点主要有 3 个部分，其中包括制作考试题目和输入文本、制作按钮并给按钮添加代码和统计出答题的正确数与错误数。

下面是制作自动考试题的具体步骤。

跟着做 1 ☞ 新建文档，并导入背景图片

下面是新建文档，并导入背景图片题的具体步骤。

① 新建一个空白 Flash 文档。

② 单击"文件"菜单，选择"新建"子菜单，然后选择"导入到舞台"命令。

③ 选择路径为 Example\11.3，选择要打开的图片"背景.gif"，然后单击"打开"按钮导入图片。

④ 双击图层 1，把名称修改为"背景"。

⑤ 单击第 6 帧，按 F5 键插入帧，如图 15-81 所示。

⑥ 在"属性"面板中，设置其坐标分别为 0.0 和 0.0，如图 15-82 所示。

⑦ 设置其宽和高分别为 550.0 和 400.0。

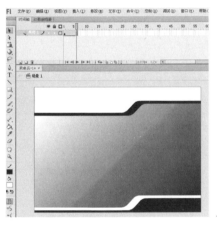

图 15-81 插入帧

图 15-82 "属性"面板

跟着做 2 ☞ 制作"题目"层和"输入"层

下面是制作"题目"层和"输入"层的具体步骤。

① 新建一个图层，修改图层名为"题目"。

② 单击第 1 帧并按 F6 键插入关键帧，选择 T 工具在场景中输入"我国最大的岛屿是( )"。

③ 按照同样方法，在第 2 帧输入"我国有( )个少数民族"，如图 15-83、图 15-84 所示。

④ 按照同样的方法，在第 3 帧输入"世界上最高的大陆是( )"。

⑤ 按照同样的方法，在第 4 帧处输入"我国的国土面积是( )平方公里"。

⑥ 单击该图层的第 5 帧，按 F7 键插入空白关键帧。

IE 临时文件夹是提高网页浏览速度和提高网页浏览稳定性的一个有用功能，用户浏览网页时，网页内容便会自动保存到 IE 临时文件夹。

⑦ 选择 **T** 工具，在"属性"面板中设置"文本类型"为"输入文本"。

⑧ 单击第 1 帧按 F6 键插入关键帧，并在场景中画一个文本框在题目的括号处。

⑨ 在"属性"面板中设置变量为 T1。

⑩ 用同样的方法在第 2、3 和 4 帧中分别画一个文本框，并设置变量为 t2、t3 和 t4。

⑪ 单击该图层的第 5 帧，按 F7 键插入空白关键帧。

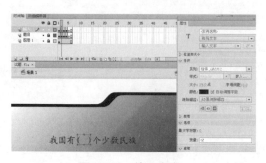

图 15-83　输入文字

图 15-84　显示效果

跟着做 3 ☞ 制作按钮及"按钮"图层

下面是制作按钮及"按钮"图层的具体步骤。

❶ 新建图层"按钮"。如图 15-85 所示。

❷ 单击该图层的第 1 帧，从"库"面板中导入名为"按钮"的按钮元件。

❸ 单击该图层的第 2 帧，依次按 F6 键插入 4 个关键帧。

❹ 单击该图层的第 6 帧，按 F7 键插入空白关键帧。

❺ 新建图层"按钮文字"。

❻ 选择 **T** 工具，在场景中输入文本"下一步"，如图 15-86 所示。

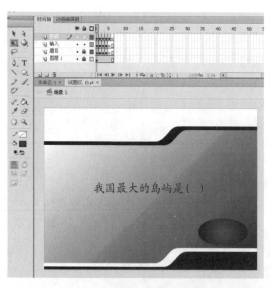

图 15-85　插入按钮

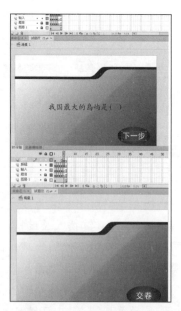

图 15-86　输入文字

MAC 地址被烧录于网卡的 ROM 中，就像是我们每个人的遗传基因密码 DNA 一样，即使在全世界也绝对不会重复。

⑦ 单击该图层的第 5 帧，按 F7 键插入空白关键帧。

⑧ 选择 T 工具，在场景中输入文本"交卷"，如图 15-86 所示。

⑨ 单击该图层的第 6 帧，按 F7 键插入空白关键帧。

跟着做 4 ☞ 制作"正确"图层和"错误"图层

下面是"正确"图层和"错误"图层的具体制作步骤。

① 新建图层"正确"。

② 选择 T 工具，单击该图层的第 6 帧，按 F7 键插入空白关键帧。

③ 在场景中输入静态文本"正确"，如图 15-87 所示。

④ 在"属性"面板设置为"动态文本"。

⑤ 在"正确"文本之后画一个动态文本框，并在"属性"面板中设置变量为 t5。

⑥ 新建图层"错误"。

⑦ 选择 T 工具，单击该图层的第 6 帧，按 F7 键插入空白关键帧。

⑧ 在场景中输入"错误"，如图 15-88 所示。

⑨ 在"属性"面板设置为"动态文本"。

⑩ 在"错误"文本之后画一个动态文本框，并在"属性"面板中设置变量为 t6。

图 15-87　输入静态文本

图 15-88　输入静态文本

跟着做 5 ☞ 制作"控制帧"图层

下面是制作"控制帧"图层的具体步骤。

① 新建图层"控制帧"。

② 单击该图层第 2 帧，依次按 F6 键插入 5 个关键帧。

③ 单击该图层第 1～6 帧，按 F9 键打开"动作"面板，在其中均输入脚本"stop();"。

④ 在"属性"面板设置为"动态文本"，如图 15-89 所示。

电脑小百科

一般对音乐品质要求比较高的用户不会满足于一些主板自带的声卡，所以在购买主板时就可以考虑不带声卡的产品。

图 15-89　显示效果

跟着做 6 ← "按钮" 图层添加脚本(一)

下面是给 "按钮" 图层添加脚本的具体步骤。

1 选择 "按钮" 图层，并单击第 1 帧。

2 选择 "按钮" 并打 "动作" 面板。

3 定义两个变量，用来统计成绩，并且赋初始值为 0。

4 按下鼠标，跳到下一帧，并停止。

5 如果输入文本框 t1 的结果不是 55，那么，统计错误的变量就累积，error=error+1；否则，统计正确的变量 count=count+1 就累积，如图 15-90 所示。

6 单击第 2 帧。

7 选择 "按钮" 并打 "动作" 面板。

8 按下鼠标，跳到下一帧，并停止。

9 在 "属性" 面板设置为 "动态文本"。

10 如果输入文本框 t2 的结果不是 "南极洲"，那么，统计错误的变量就累积，error=error+1；否则，统计正确的变量 count=count+1 就累积，如图 15-91 所示。

```
count=0;
error=0;
on(press){
nextFrame();

if(t1!="55"){
error=error+1;
}
else{
count=count+1;
}
}
```

图 15-90　代码

```
on(press){
nextFrame();
if(t2!="南极洲"){
error=error+1;
}
else{
count=count+1;
}
}
```

图 15-91　代码

在使用电脑时，如果程序出现非法操作，屏幕上会弹出一个对话框，询问是否将错误信息反馈给微软公司，同时程序将停止运行。

跟着做 7 "按钮"图层添加脚本(二)

下面是给"按钮"图层添加脚本的具体步骤。

① 选择"按钮"图层,并单击第 3 帧。

② 选择"按钮"并打开"动作"面板。

③ 按下鼠标,跳到下一帧,并停止。

④ 如果输入文本框 t3 的结果不是"台湾岛",那么,统计错误的变量就累积,error=error+1;否则,统计正确的变量 count=count+1 就累积,如图 15-92 所示。

⑤ 单击第 4 帧。

⑥ 选择"按钮"并打开"动作"面板,如图 15-93 所示。

⑦ 按下鼠标,跳到下一帧,并停止。

```
on(press) {
nextFrame();
if(t3!="台湾岛") {
error=error+1;
}
else{
count=count+1;
}
}
```

图 15-92　代码

```
on(press) {
nextFrame();
if(t4!="960万") {
error=error+1;
}
else{
count=count+1;
}
}
```

图 15-93　代码

⑧ 单击第 5 帧。

⑨ 选择"按钮"并打开"动作"面板。

⑩ 按下鼠标,跳到下一帧,并停止。

⑪ 把 count 值赋给 t5,把 error 的值赋给 t6,如图 15-94 所示。

```
on(press) {
nextFrame();
t5=count;
t6=error;
}
```

图 15-94　代码

跟着做 8 测试影片及发布

下面是测试影片及发布的具体步骤。

① 单击"控制"菜单。

② 在弹出的菜单中选择"测试影片"命令,对影片进行测试并观察效果,如图 15-95 所示。

③ 单击"文件"菜单,选择"发布设置"命令,如图 15-96 所示。

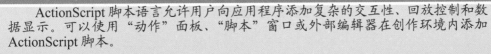

电脑小百科

ActionScript 脚本语言允许用户向应用程序添加复杂的交互性、回放控制和数据显示。可以使用"动作"面板、"脚本"窗口或外部编辑器在创作环境内添加 ActionScript 脚本。

285

④ 选中 Flash(.swf)和 "HTML 包装器" 复选框，然后单击 "确定" 按钮。

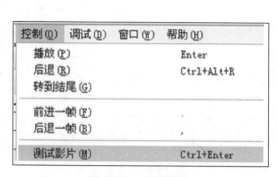

图 15-95　测试影片

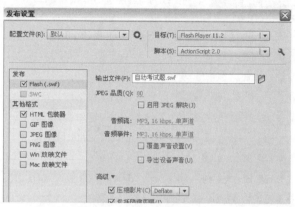

图 15-96　发布设置

15.4　制作 MTV 短片动画

　　时下最流行的 Flash 动画、FlashMTV 几乎成为一种艺术的表现形式。它集图画、情节、音乐为一体，形成一种独特的展现动画的方式。借助它可以展现制作者的才华和诠释其内心的思想。因此用 Flash CS6 可以制作出生动形象的 MTV，其过程也是非常有趣的，只是有点繁琐。

■■书盘互动指导■■

⊙　示例	⊙　在光盘中的位置	⊙　书盘互动情况
（时间轴截图）	15.4 MTV 短片动画 　1. 设置文档属性 　2. 建立音乐层 　3. 题款的制作 　4. 歌词制作 　5. 歌词效果制作 　6. 场景效果的制作	本节主要介绍以上述所学为基础的综合实例操作方法，在光盘 15.4 节中有相关操作的步骤视频文件，以及原始素材文件和处理后的效果文件。大家可以选择在阅读本节内容后再学习光盘，以达到巩固和提升的效果，也可以对照光盘视频操作来学习图书内容，以便更直观地学习和理解本节内容。

　　本次实例做的是一首叫作《黄菊花开了吗》的歌曲，好听的歌曲配上字幕的制作，虽然不是很难，但是做的时候一定要仔细，歌曲必须要听很多遍才能知道在哪一帧该停下来。
　　下面是制作 MTV 短片动画的具体步骤。

　　除了主板的支持以外，Boot ROM 是否能和网卡很好地兼容，是否带有防病毒功能，这个也是购买时需要考虑的要素之一。

跟着做 1☞　设置文档属性

下面是设置文档属性的具体步骤。

❶ 新建 550*400(默认值)文档一个，背景色改为黑色。

❷ 修改文档属性是在场景中右击，在弹出的快捷菜单中选择"文档属性"命令，如图 15-97 所示。

❸ 弹出"文档设置"对话框，可以修改场景的大小、背景色、帧频等，如图 15-98 所示。

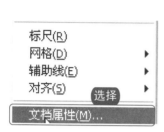

图 15-97　修改文档属性

图 15-98　文档设置

跟着做 2☞　建立音乐层

下面是建立音乐层的具体步骤。

❶ 选择"文件"→"导入"→"导入到库"，导入音乐，如图 15-99、图 15-100 所示。

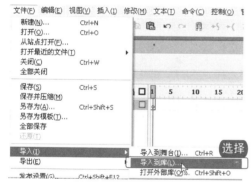

图 15-99　导入文件

图 15-100　导入到库

❷ 将这个音乐元件拖入场景中，可以看到在时间轴的第一帧上出现一道横线，将图层重命名为音乐。如图 15-101、图 15-102 所示。

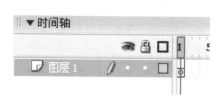

图 15-101　元件拖入场景

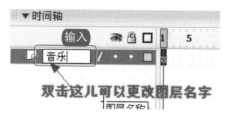

图 15-102　重命名图层

❸ 回到场景上的时间轴上，在音乐图层的第 10 帧单击，鼠标右键，插入帧，就可见音乐的声波就延长到了第 10 帧，接着鼠标按住第 10 帧向后拖动，或者左手按住 Ctrl 键，出现一个左右拖动的标志后，右手按住鼠标左键一直向后拖动。使声波一直延伸到尽头，这里一直延伸到 2630 帧，如图 15-103、图 15-104 所示。

图 15-103　插入帧　　　　　　　　　　　　　　图 15-104　延长帧

❹ 打开场景下面的"属性"面板，可以看到"黄菊花"声音的一些属性，单击"同步"栏右侧的下箭头，弹出下拉菜单，选择其中的"数据流"，如图 15-105 所示。

❺ 按 F11 打开库面板。双击小喇叭状图标，调出声音属性，把"使用导入的 MP3 品质"前的小勾去掉，如图 15-106 所示。

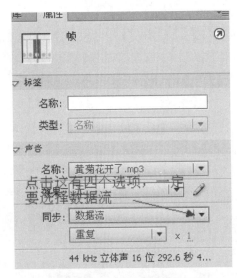

图 15-105　声音属性设置

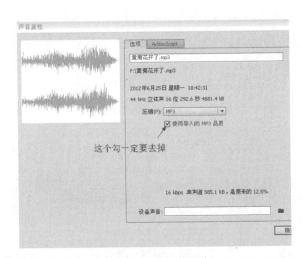

图 15-106　声音属性

❻ 将音乐图层上锁，并一直保持音乐图层在最上面。

知识补充 ⭐

　　在左手按住 Ctrl 键，右手按住鼠标左键左右拖动，是调整关键帧位置的最好方法。"数据流"模式的音乐就是音乐与动画同步播放，动画停止音乐也随之停止。

　　　　　　　　　跳转语句的作用是直接转到指定的动画帧，跳转语句也分为转到并播放或是转到并停止两种。

跟着做 3☞ 题款的制作

下面是题款的制作的具体步骤。

❶ 在"音乐"图层的下面新建一个图层，重命名为"深绿色"，如图 15-107 所示。

❷ 选择工具栏中的矩形工具，画一个 550*45 的无边框矩形，选中这个矩形，在下面的属性面板中更改其属性，将宽改为 550(与场景的宽一样)，高改为 45，如图 15-108 所示。

图 15-107　新建图层

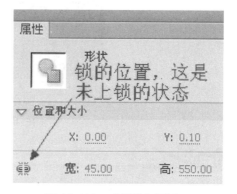

图 15-108　"属性"面板

❸ 打开"窗口"→"设计面板"→"对齐"面板(或者直接单击时间轴上方的快捷栏中的对齐面板)，将其设为"垂直居中"与"上对齐"。

❹ 左手按住 Ctrl 键，右手用鼠标选中深绿条往下拖动，这样就复制了另一条深绿条，然后在对齐面板中，让"垂直居中"与"下对齐"。

❺ 在"深绿条"图层的上面新建一个图层，重命名为"黄条"。

❻ 选择工具栏中的直线工具，按住 Shift 键画一条长 550，笔触颜色为深黄色(参考值#FF9900)，大小为 6px 的直线，如图 15-109 所示。

❼ 画好这条线后，将其放在深绿条的下面，同样用左手按住 Ctrl 键，将其向下拖动，复制另一个黄条，将其放在下面的深绿条的上面，如图 15-110 所示。

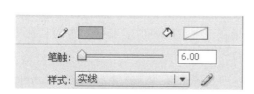

图 15-109　直线工具

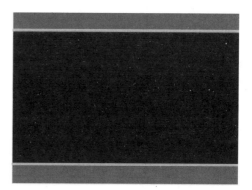

图 15-110　显示效果

❽ 在"黄条"图层的上面新建一个图层，重命名为"落款"。在这个图层里用文本工具分别在左上角写上歌名"黄菊花开了"，右上角写上制作者，如图 15-111 所示。

预读文件与系统启动速度的关系很大，预读文件可以用来提高系统性能、加快系统启动和文件读取的速度。

图 15-111　显示效果

知识补充 ★

按住 Shift 键，用直线工具可画出水平、垂直或 45 度的直线来。

跟着做 4　歌词制作

下面是歌词制作的具体步骤。

① 在"落款"图层上新建一图层，重命名为"歌词"，如图 15-112 所示。

② 打开歌词本子，将"黄菊花开了吗"复制，回到 Flash 中来，选择文本工具，在下面的面板属性中将文本的属性改成如图 15-113 所示的样子。

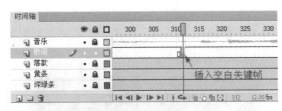

图 15-112　新建图层

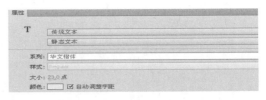

图 15-113　"属性"面板

③ 回到场景，在最下面的中间处(黄条下，深绿条上)按住鼠标左键轻拉一下，将第一句的歌词复制粘贴至此。然后双击字框的右上角，使文字与文本框相匹配，如图 15-114 所示。

④ 用"选择"工具选中歌词，用右键菜单将其转换成元件"歌词 1"。将第一句的歌词用对齐面板"居中"对齐，并放在适当的位置上，如图 15-115 所示。

⑤ 按 Enter 键进行试听，下面的歌词只要按照上面的步骤重复进行即可。

知识补充 ★

找歌词起止的地方，看"音乐"图层的声波图，一般情况下歌词的第一句的波形频率都比较大；声波变平了，歌词也唱完了。

若将当前播放的所有声音停止播放，但不停止动画的播放，可使用"StopAllSounds()"语句。

图 15-114　复制粘贴歌词

图 15-115　"创建新元件"对话框

跟着做 5☞　歌词效果制作

下面是歌词效果制作的具体步骤。

❶ 以第一句的歌词为例，歌词在 340 帧处都出现了，在 360 帧处消失，把时间轴的 340 与 360 帧处用鼠标右击一下(游标所在的位置)，在弹出的右键菜单中选择"插入关键帧"，如图 15-116 所示。

❷ 在场景中单击 360 帧处的"歌词 1"元件，在属性面板中，将颜色选项中的 Alpha 值设为 0，如图 15-117 所示。

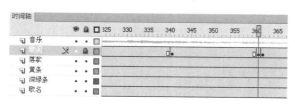

图 15-116　插入关键帧

图 15-117　"属性"面板

❸ 设置 340 帧与 360 帧为动作补间动画。

❹ 在"歌词"图层的上面新建一图层，重命名为"遮罩"，如图 15-118 所示。

❺ 在遮罩图层上，先把歌词开始帧就是第 310 帧转换成空白关键帧，在场景中画出一无边框的红色小窄矩形，如图 15-119 所示。

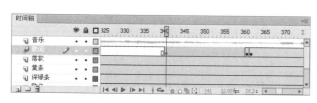

图 15-118　新建图层

图 15-119　显示效果

无论硬盘有多少分区，其主启动记录中只包含主分区(也就是启动分区)和扩展分区两个分区的信息，而关于逻辑分区的信息，则都被保存在扩展分区内。

⑥ 在歌词完全出现的第 340 帧插入关键帧，用任意变形工具将其一直往右拉，在 310、340 帧之间设置形状补间，如图 15-120、图 15-121 所示。

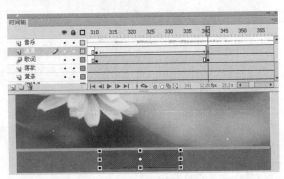

图 15-120　拖动任意变形工具　　　　图 15-121　创建形状补间

⑦ 右击"遮罩"图层，在弹出的右键菜单中选择"遮罩层"，自动就将"遮罩"图层变成了遮罩层，下面的"歌词"图层变成了被遮罩层，如图 15-122 所示。

⑧ 在"歌词"图层的左边单击一下，"歌词"图层整个变黑色的了，再将鼠标移到右边，在右键菜单中选择"复制帧"，如图 15-123 所示。

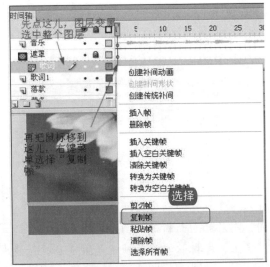

图 15-122　设置遮罩层　　　　图 15-123　复制帧

⑨ 在"歌词"图层的下面新建一个图层，然后在新建的图层的第一个空白关键帧处右击，选择"粘贴帧"，如图 15-124 所示。

⑩ 选择每一句歌词起始的那帧的"歌词"元件，在下面的"属性"面板中调整其色调。

知识补充 ⭐

　　在颜色选项中共有 4 个：亮度、色调、Alpha 与高级。Alpha 值就是透明度，其值为 100 全部可见，为 0 时有不可见。

　　制作完成的 Flash 影片通常都是在 Flash 播放器中播放，用户可通过 fscommand 语句完成此任务，比如控制影片的全屏幕播放、菜单的显示与否、播放窗口的缩放以及调用外部程序等。

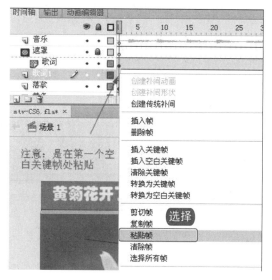

图 15-124　粘贴帧

跟着做 6 ☞ 场景效果制作

下面是场景效果制作的具体步骤。

❶ 按 F11 键打开库面板，新建三个文件夹，分别将它们命名为"歌词"、"原图"和"图"，把歌词元件、导入的原图及原图转换的元件图片分别放在三个文件夹内，如图 15-125、图 15-126 所示。

图 15-125　新建文件夹

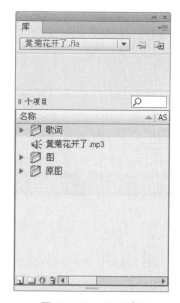

图 15-126　显示效果

❷ 导入图片，选择"文件"→"导入"→"导入到库"命令，将下载好的黄菊花的图片导入到库中，并将之放入"原图"的文件夹中。

通常将电脑主分区以外的所有空间划分为扩展分区，如果用户想安装多操作系统，则可以根据需要输入扩展分区的空间大小或百分比。

③ 新建三个图层，分别从上到下重命名为：歌名、图片2、图片1，如图15-127所示。

④ 在"图片1"图层的第一帧处放入一张背景图片，在右键菜单中选择"转换为元件"，将其转换成图形元件，重命名放入"图"文件夹内。

⑤ 按F8新建一图形元件，取名为"歌名"，用文本工具在场景中写上"黄菊花开了"歌名，如图15-128所示。

图 15-127　新建图层

图 15-128　输入文本

⑥ 新建一个图层，将图层1的帧复制到图层2中，改变图层2中文字的颜色，然后将其用键盘中的向下和向右箭头分别向下和向右移两下，文字的立体效果就立即出来了，如图15-129所示。

⑦ 回到"歌名"图层。在20帧处插入关键帧，将做好的"歌名"元件放入图中适当的位置，如图15-130所示。

图 15-129　显示效果

图 15-130　插入关键帧

⑧ 在205帧处也插入关键帧，回到20帧处，点中"歌名"元件，按Ctrl+T打开变形面板。选中"约束"，在"约束"前的两个文本框内输入"0.1"，再按Enter键。设置20～205帧为运动渐变，如图15-131所示。

⑨ 在264帧处与287帧处插入关键帧，用同样的方法将287帧处的"歌名"元件设为最小，设置其间的动画为"运动渐变"。在288帧处插入空白关键帧。

⑩ 回到"图片1"图层，在288、320帧处插入关键帧，将320帧处的图片元件的Alpha值设置为0，再在288~320帧间设置运动补间动画，图片1的淡出效果就出来了，如图15-132所示。

当制作交互动画时，经常在播放当前影片时再播放另一个电影，或在多个影片之间进行切换，可使用 loadMovie 和 unloadMovie 命令。

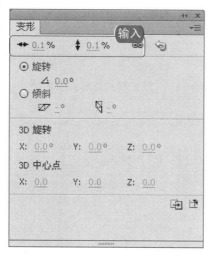

图 15-131 "变形"面板

⑪ 在"图片 2"图层的 305 处插入空白关键帧，把库中的另一张黄菊花图片拖入场景中，位置放好，用右键菜单将其转换成图形元件。接着在 336 帧处插入关键帧，设置 305 帧处的图片元件 Alpha 值为 0，设置运动补间动画。

⑫ 在"图片 2"图层的 390、414 帧处插入关键帧，设置后一帧的 Alpha 值为 0，设置运动补间动画；再回到"图片 1"图层，在 403 处插入空白关键帧，导入另一张图片，转换成元件，在 430 帧处插入关键帧，设置前一帧的 Alpha 值为 0，设置运动补间动画，如图 15-133 所示。

图 15-132 设置帧　　　　　　　　　　　　　图 15-133 设置帧

知识补充 ★

只有元件才可能做运动渐变，才可能改变其色调、Alpha、亮度等属性指标。

15.5 模拟太阳系运动

实例解析

"月球绕着地球转，地球绕着太阳转"，这是大家都知道的事，这里通过 Flash 的动画制作功能来模拟太阳系运动，也是十分有趣的。Flash CS6 的强大功能使我们在学习能力和技巧方面都得到了很大的提高的，下面就让我们一起来学习下如何制作模拟太阳系运动。

通常情况下，每英寸点数(DPI)越多，字体的显示效果就越好，如果 DPI 高于 96，并且正在运行 Aero 则屏幕上的文本和其他项目会在某些程序中显示模糊。

■■■书盘互动指导■■■

⊙ 示例	⊙ 在光盘中的位置	⊙ 书盘互动情况
	15.5 模拟太阳系运动 1. 新建文件和"地图"元件 2. 编辑"地图"元件 3. 新建"球体"元件 4. 编辑"球体"元件 5. 新建"地球"元件	本节主要介绍以上述所学为基础的综合实例操作方法，在光盘 15.5 节中有相关操作的步骤视频文件，以及原始素材文件和处理后的效果文件。 大家可以选择在阅读本节内容后再学习光盘，以达到巩固和提升的效果，也可以对照光盘视频操作来学习图书内容，以便更直观地学习和理解本节内容。

　　在制作太阳系运动的动画效果时，首先应创建"地球"影片元件，使其产生一个不断旋转的地球效果；其次创建"地球系"影片元件，将其产生"月球"绕着"地球"转的动画效果；然后创建"太阳"影片元件，使其太阳有不断闪耀的效果；最后返回到主场景中，将"太阳"和"地球系"影片元件分别拖动到不同图层中，使得"地球系"绕着"太阳"旋转。

　　本实例制作要点主要有 4 个部分，其中包括制作"地球"影片元件、制作"地球系"影片元件、制作"太阳"影片元件和在主场景中将"地球系"元件绕着太阳转。

　　下面是制作模拟太阳系运动的具体步骤。

跟着做 1 　新建文件和"地图"元件

　　下面是新建文件和"地图"元件的具体步骤。

❶ 新建"太阳系运动"Flash 文档。按 Ctrl+J 组合键打开"文档属性"对话框，如图 15-134 所示。

❷ 设置文档尺寸为 600 像素×200 像素，设置背景颜色为"浅蓝色"(#99CCFF)，单击"确定"按钮。

❸ 打开"创建新元件"对话框，如图 15-135 所示，在"名称"文本框中输入"地图"，选中"类型"选区中的"图形"单选按钮，单击"确定"按钮。

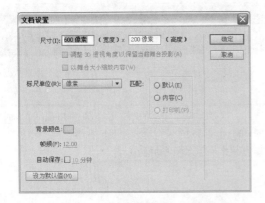

图 15-134　"文档设置"对话框

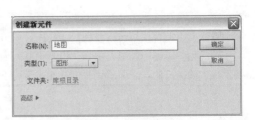

图 15-135　创建新元件

制作 Flash 输入代码时，标点符号应在英文状态输入。

跟着做 2 ☞ 编辑"地图"元件

下面是编辑"地图"元件的具体步骤。

① 进入"地图"元件的编辑区中。打开"导入"对话框，导入一幅展开的地图图片。

② 将其水平复制一个，并排放置，如图 15-136 所示。

③ 将两个地图对象选中。按 Ctrl+B 组合键将地图打散，如图 15-137 所示。

④ 返回到主场景中。

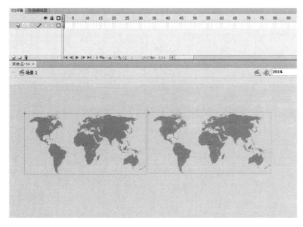

图 15-136　复制图　　　　　　　　　　图 15-137　打散图片

> **知识补充 ★**
>
> 在复制地图对象时，先选择地图对象，再按住 Ctrl 键并将其水平拖动到右侧。在返回主场景时，可单击舞台左上角的 ⇦ 按钮，或者单击 Scene1。

跟着做 3 ☞ 新建"球体"元件

下面是新建"球体"元件的具体步骤。

① 打开"创建新元件"对话框，如图 15-138 所示。在"名称"文本框中输入"球体"。

② 选中"类型"选区中的"图形"单选按钮，单击"确定"按钮。

图 15-138　创建新元件

跟着做 4 ☞ 编辑"球体"元件

下面是编辑"球体"元件的具体步骤。

默认情况下，影片都是自动播放的，若需要对已停止的影片添加播放控制语句 "Play();"，一般应将该语句添加给按钮元件。

❶ 进入到"球体"元件编辑区，在"工具箱"中选择"椭圆"工具◯。

❷ 选择"笔触颜色"为无。选择"填充颜色"为蓝色。

❸ 在舞台上绘制一个正圆，如图 15-139 所示。

❹ 打开"对齐"面板，将正圆置于舞台的中央位置，如图 15-140 所示。

❺ 选择正圆，按 Ctrl+B 组合键将正圆打散。

❻ 返回到主场景中。

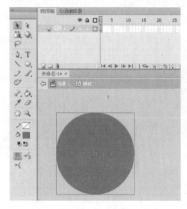
图 15-139 绘制正圆

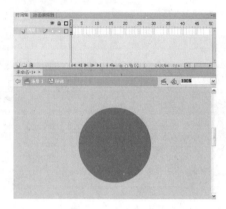
图 15-140 调整位置

知识补充 ★

在绘制的"球体"元件时，可在"颜色"面板设置 3 个颜色按钮，颜色值为#2255FC、#0B6BCA、#699CFC，从而使得绘制的正圆有一种立体感。返回主场景，可按 Ctrl+E 组合键。

跟着做 5 新建"地球"元件

下面是新建"地球"元件的具体步骤。

❶ 打开"创建新元件"对话框，如图 15-141 所示。在"名称"文本框中输入"地球"。

❷ 选中"类型"选区中的"影片剪辑"单选按钮。

❸ 单击"确定"按钮。

图 15-141 创建新元件

跟着做 6 编辑"地球"元件

下面是编辑"地球"元件的具体步骤。

在 Flash 中，如果要进行组件与场景之间的切换，可使用 Ctrl+E 快捷键。

①　进入到"地球"元件编辑区，将"图层 1"更名为"地球"，如图 15-142 所示。

②　在"库"面板中将"球体"元件拖到舞台上，在舞台上选择"球体"元件。

③　在"属性"面板中设置 Alpha 值为 70%，如图 15-143 所示。

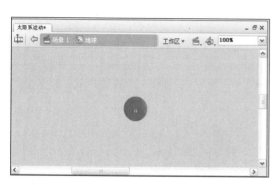

图 15-142　编辑"地球"元件

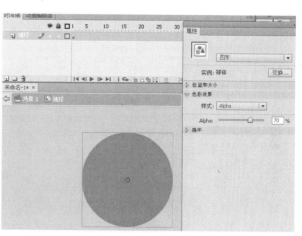

图 15-143　"属性"面板

④　选择第 33 帧，按 F5 键插入普通帧。

⑤　新建"地图"图层。

⑥　在"库"面板中将"地图"元件拖到舞台上，其放置的位置如图 15-144 所示。

⑦　选择第 33 帧，并按 F6 键插入关键帧。

⑧　将"地图"元件向左拖动到如图 15-144 所示的位置。

⑨　选择"地图"图层的第 1 帧，在"属性"面板的"补间"下拉列表框中选择"动画"选项，如图 15-145 所示。

⑩　新建"遮罩"图层。

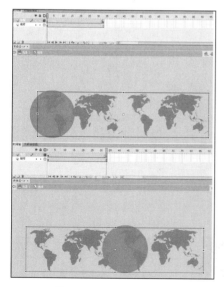

图 15-144　拖动元件

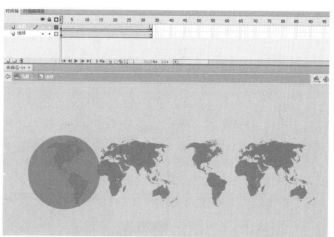

图 15-145　"属性"面板

按两次 Ctrl+B 组合键可打散文字，两次打散后的文字不再具有文字的属性。

⓫ 选择"地球"图层的第 1 帧并右击，从弹出的快捷菜单中选择"复制帧"命令，选择"遮罩"图层的第 1 帧并右击，从弹出的快捷菜单中选择"粘贴帧"命令。

⓬ 选择"遮罩"图层的第 33 帧，并按 F5 键插入普通帧，如图 15-146 所示。

⓭ 选择"遮罩"图层的第 1 帧，在舞台上选择"地球"元件，在"属性"面板中设置"颜色"为"无"，如图 15-147 所示。

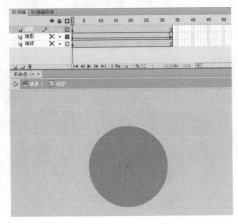

图 15-146　插入普通帧　　　　　　　图 15-147　设置颜色

⓮ 选择"遮罩"图层并右击，从弹出的快捷菜单中选择"遮罩层"命令，此时将产生遮罩层，如图 15-148 所示。

知识补充 ★

要更改图层名，可双击图层名，然后输入图层名并按 Enter 键即可。在移动图形对象时，一定要水平移动，否则产生的动画将不在一个面上。用户可右击第 1 帧，然后从弹出的快捷菜单中选择"创建补间动画"命令。用户在进行其他图层的操作时，可将其他暂时不使用的图层隐藏。用户要改变图层的属性，可右击该图层，从弹出的快捷菜单中选择"属性"命令，然后在打开的"图层属性"对话框中改变图层的类型即可。

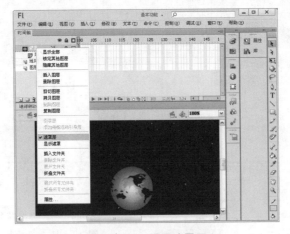

图 15-148　设置遮罩层

所谓多操作系统，就是在一台电脑中安装两个或两个以上的操作系统，可以在不同的操作系统中相同或不同的任务或应用。

跟着做 7 新建及编辑"月亮"元件

下面是新建及编辑"月亮"元件的具体步骤。

1 打开"创建新元件"对话框，如图 15-149 所示。在"名称"文本框中输入"月亮"。

2 选中"类型"选区中的"图形"单选按钮，单击"确定"按钮。

3 进入到"月亮"元件编辑区。在"工具箱"中选择"椭圆"工具 ⚪。

4 打开"颜色"面板，并设置渐变，如图 15-150 所示。在舞台上绘制一个渐变的黄色正圆。

图 15-149　创建新元件

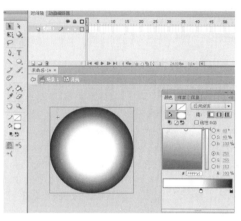

图 15-150　"颜色"面板

知识补充 ★

在绘制"月亮"元件时，在"颜色"面板中设置了两个颜色按钮，其颜色值分别为#FFFF99、#000000。

跟着做 8 新建及编辑"地球系"元件

下面是新建及编辑"地球系"元件的具体步骤。

1 打开"创建新元件"对话框，在"名称"文本框中输入"地球系"，如图 15-151 所示。

2 选中"类型"选区中的"影片剪辑"单选按钮，单击"确定"按钮。

3 进入到"地球系"元件编辑区，新建"月球"和"地球"两个图层。

4 选择"月球"图层的第 1 帧，在"库"面板中将"月亮"图形元件放置在舞台上。选择"地球"图层的第 1 帧，在"库"面板中将"地球"影片元件放置在舞台上，如图 15-152 所示。

图 15-151　创建新元件

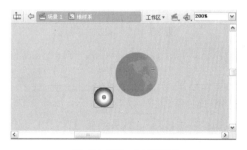

图 15-152　显示效果

5 在"地球"图层的第 40 帧处按 F5 键插入普通帧。

6 在"月球"图层的第 10、20、30 和 40 帧的地方，依次按 F6 键插入关键帧，如图 15-153 所示。

7 单击"月球"图层，将该图层的有效帧选中，在选中的任意一帧处右击鼠标，从弹出的快捷菜单中选择"创建补间动画"命令，如图 15-154 所示。

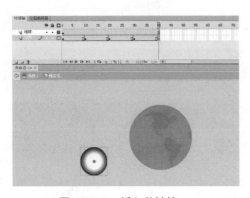

图 15-153　插入关键帧　　　　　　　　图 15-154　创建补间动画

8 右击"月球"图层，从弹出的快捷菜单中选择"添加引导层"命令，此时将新建引导图层，如图 15-155 所示。

9 在"工具箱"中选择"椭圆"工具 ⬭，选择"填充颜色"为无，在舞台上绘制一个椭圆，如图 15-156 所示。

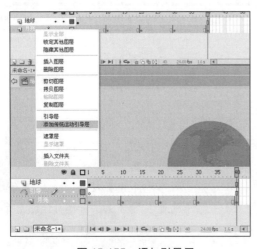

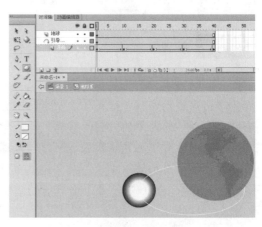

图 15-155　添加引导层　　　　　　　　图 15-156　绘制椭圆

10 选择"月球"图层的第 1 帧，在"工具箱"中选择"选择"工具 ▸。

11 单击"贴紧至对象"按钮 🧲，选择舞台上的"月亮"元件，并将其吸附在椭圆线上，如图 15-157 所示。

12 依次选择"月球"图层的第 10、20、30 和 40 帧。

13 将"月亮"元件分别吸附在"地球"元件的后侧、右侧、前侧和左侧，如图 15-158 所示。

输入语言是 Windows 中的一种设置，控制用户在计算机上键入信息时所使用的语言。在更改输入语言前，需要将该语言添加到 Windows。

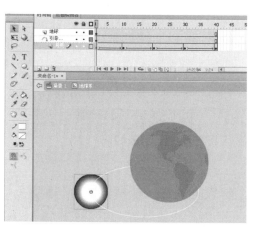

图 15-157　"贴紧至对象"按钮

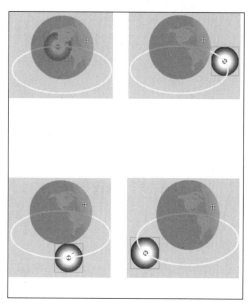

图 15-158　显示效果

知识补充

　　在放置元件时，用户可将其舞台视图放大显示。用户可单击"图层"面板左下角的 来创建引导图层。当单击"贴紧至对象"按钮 并移动"月亮"元件时，则元件的锚点会自动吸附在椭圆线上。在移动各帧元件的位置时，应使它们在椭圆线上分布均匀。

跟着做 9 新建及编辑"太阳"元件

　　下面是新建及编辑"太阳"元件的具体步骤。

❶ 打开"创建新元件"对话框，在"名称"文本框中输入"太阳"，如图 15-159 所示。

图 15-159　创建新元件

❷ 选中"类型"选区中的"影片剪辑"单选按钮，单击"确定"按钮。

❸ 进入到"太阳"元件编辑区，在"工具箱"中选择"椭圆"工具 。

❹ 在"颜色"面板中设置填充颜色，在舞台上绘制一个正圆，如图 15-160 所示。

❺ 选择绘制的正圆，按 Ctrl+B 组合键将其打散。

❻ 分别在第 30、60 帧处按 F6 键插入关键帧，如图 15-161 所示。

❼ 选择第 30 帧，修改舞台上图形的填充颜色，如图 15-162 所示。

❽ 单击"图层 1"，将其整个图层选中。

图 15-160 设置填充颜色

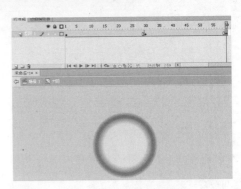

图 15-161 插入关键帧

9 选中 1～60 帧中的任意一帧，在右键菜单中选择"补间形状"命令。

10 此时的图层效果如图 15-163 所示。

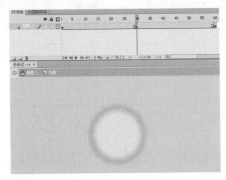

图 15-162 修改填充颜色

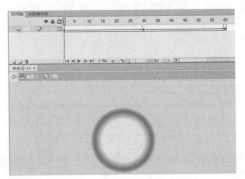

图 15-163 显示效果

跟着做 10 ☞ 主场景

下面是编辑主场景的具体步骤。

1 按 Ctrl+E 组合键返回主场景中，新建"太阳"和"地球系"两个图层。

2 在"库"面板中将"太阳"影片元件拖到"太阳"图层第 1 帧的场景中，选择第 120 帧，按 F5 键插入普通帧，如图 15-164 所示。

3 在"库"面板中将"地球系"影片元件拖到"地球系"图层第 1 帧的场景中，分别在"地球系"图层的第 30、60、90 和 120 帧处按 F6 键插入关键帧，如图 15-165 所示。

图 15-164 拖入元件

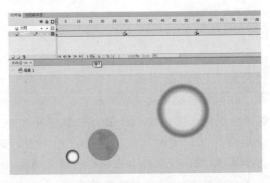

图 15-165 插入关键帧

自定义短语是通过特定字符串来输入自定义好的文本，设置常用的自定义短语可以提高输入效率。

④ 选择"地球系"图层，添加传统补间动画，如图 15-166 所示。

⑤ 选择"地球系"图层，在右键菜单中选择"添加传统运动引导层"命令，此时将建立一个"引导层"图层，如图 15-167 所示。

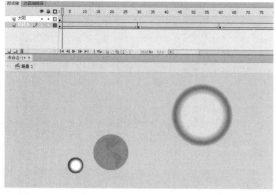

图 15-166　"属性"面板　　　　　　　　图 15-167　添加引导层

⑥ 在"工具箱"中选择"椭圆"工具 ◯，选择"填充颜色"为无，在舞台上绘制一个椭圆。

⑦ 选择"地球系"图层的第 1 帧，将"地球系"元件吸附到椭圆的左侧，如图 15-168 所示。

⑧ 同样，依次选择该图层的第 30、60、90 和第 120 帧，然后将"地球系"元件分别吸附在椭圆的后侧、右侧、前侧和左侧。

⑨ "地球系"元件在每侧的位置如图 15-169 所示。

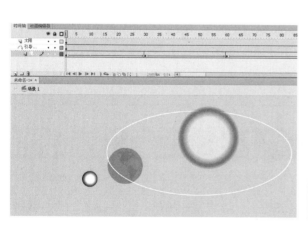

图 15-168　显示效果

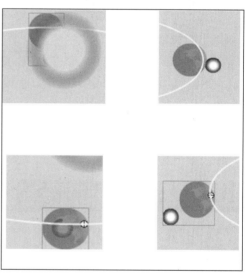

图 15-169　显示效果

⑩ 在"地球系"下方建立"背景"图层，按 Ctrl+R 组合键导入"星空"图片，如图 15-170 所示。

⑪ 设置"星空"图片的尺寸宽度为 600 像素，将图片置于舞台的中央位置。

⑫ 单击主工具栏中的"保存"按钮 🖫 对文件进行保存。

⑬ 按 Ctrl+Enter 组合键对影片进行测试，如图 15-171 所示。

电脑小百科

　　如果某些设备驱动程序没有安装好，计算机将会在"其他设备"选项下显示这些硬件设备，并在设备前标记一个醒目的黄色问号或感叹号。

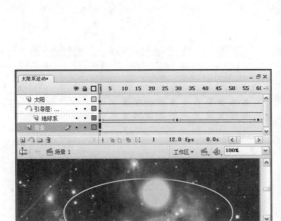

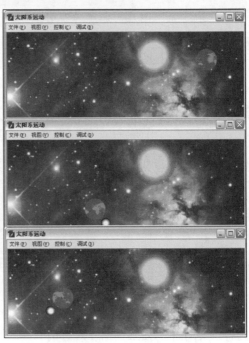

图 15-170　导入图片　　　　　　　　　　图 15-171　影片测试

学 习 小 结

　　本章主要通过制作贺卡、制作网页广告、制作自动考试题、制作小游戏、制作 MTV 短片动画和制作模拟太阳系运动共 6 个综合实例，来详细介绍这几个实例的制作步骤。

　　通过本章的学习，用户可以了解不同类型 Flash 实例的制作方法。这 6 个实例综合应用了 Flash CS6 中的各种动画方式及效果，使读者可以对前面的学习有一个巩固和提高。

　　(1) 利用 Flash CS6 的 ActionScript 语言，用户可以轻松设计出图像精美、活泼有趣、富有个性的小游戏。

　　(2) Flash CS6 可以制作出生动形象的 MTV。

互 动 练 习

1. 选择题

　　(1) 对一个做好的 Flash 产品来说，一般是由(　　)、设置、场景、符号、库、帧、舞台、屏幕显示等要素构成。

　　　　A. 动画、属性　　　　　　　　　　B. 窗口、菜单
　　　　C. 动画、窗口　　　　　　　　　　D. 窗口、属性

　　(2) Flash 中可创建(　　)个图层。

　　　　A. 10　　　　　　　　　　　　　　B. 100
　　　　C. 999　　　　　　　　　　　　　D. 无数

　　(3) 下面对将舞台上的整个动画移动到其他位置的操作说法错误的是(　　)。

　　　　如果某些设备驱动程序没有安装好，计算机将会在"其他设备"选项下显示这些硬件设备，并在设备前标记一个醒目的黄色问号或感叹号。

　　A．首先要取消要移动层的锁定同时把不需要移动的层锁定

　　B．在移动整个动画到其他位置时，不需要单击时间轴上的编辑多个帧按钮

　　C．在移动整个动画到其他位置时，需要使绘图纸标记覆盖所有帧

　　D．在移动整个动画到其他位置时，对不需要移动的层可以隐藏

2．填空题

(1) 在 Flash 中，隐藏工具箱和面板的快捷键是＿＿＿＿＿＿。

(2) 在 Flash 中，按＿＿＿＿＿＿组合键可以打开"文档属性"面板。

笔记本电脑机身空间狭小，无法使用像台式机一样的 AGP 板卡，所以一般是将显卡芯片直接集成在主板上。

完美互动手册

附　　录

Flash CS6 快捷键

本章导读

在使用 Flash CS6 制作动画时，为了效率更高，可以使用各种命令的快捷命令或是快捷键，使动画制作快速又简便。

附录主要介绍各种命令的图标、快捷命令以及一些常用快捷键的对照表，方便用户识记和使用。

精

彩

看

点

 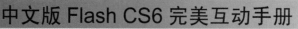

菜单栏命令集

命 令	快 捷 键	命 令	快 捷 键
文 件			
新建	Ctrl+N	打开	Ctrl+O
在 Bridge 中浏览	Ctrl+Alt+O	关闭	Ctrl+W
全部关闭	Ctrl+Alt+W	保存	Ctrl+S
另存为	Ctrl+Shift+S	导入到舞台	Ctrl+R
打开外部库	Ctrl+Shift+O	导出影片	Ctrl+Alt+Shift+S
发布设置	Ctrl+Shift+F12	发布预览(默认)	F12
发布	Alt+Shift+F12	打印	Ctrl+P
退出	Ctrl+Q		
编 辑			
撤消不选	Ctrl+Z	重复不选	Ctrl+Y
剪切	Ctrl+X	复制	Ctrl+C
粘贴到中心位置	Ctrl+V	粘贴到当前位置	Ctrl+Shift+V
清除	Backspace，Delete	直接复制	Ctrl+D
全选	Ctrl+A	取消全选	Ctrl+Shift+A
查找和替换	Ctrl+F	查找下一个	F3
删除帧	Shift+F5	剪切帧	Ctrl+Alt+X
复制帧	Ctrl+Alt+C	粘贴帧	Ctrl+Alt+V
清除帧	Alt+Backspace	选择所有帧	Ctrl+Alt+A
编辑元件	Ctrl+E	首选参数	Ctrl+U
视 图			
放大	Ctrl+=	缩小	Ctrl+-
100%	Ctrl+1	400%	Ctrl+4
800%	Ctrl+8	显示帧	Ctrl+2
显示全部	Ctrl+3	轮廓	Ctrl+Alt+Shift+O
高速显示	Ctrl+Alt+Shift+F	消除锯齿	Ctrl+Alt+Shift+A
消除文字锯齿	Ctrl+Alt+Shift+T	粘贴板	Ctrl+Shift+W
标尺	Ctrl+Alt+Shift+R	显示网格	Ctrl+'
编辑网格	Ctrl+Alt+G	显示辅助线	Ctrl+;
锁定辅助线	Ctrl+Alt+;	编辑辅助线	Ctrl+Alt+Shift+G
贴紧至网格	Ctrl+Shift+'	贴紧至辅助线	Ctrl+Shift+;
贴紧至对象	Ctrl+Shift+/	编辑贴紧方式	Ctrl+/
隐藏边缘	Ctrl+H	显示形状提示	Ctrl+Alt+H

 屏幕保护程序是一个可以使屏幕暂停显示或以动画方式显示画面的应用程序。当用户在一定时间内不使用电脑时，其会自动启动，起到保护屏幕的作用。

续表

命　　令	快　捷　键	命　　令	快　捷　键
插　入			
新建元件	Ctrl＋F8	帧	F5
关键帧	F6	空白关键帧	F7
修　改			
文档	Ctrl＋J	转换为元件	F8
分离	Ctrl＋B	高级平滑	Ctrl＋Alt＋Shift＋M
高级伸直	Ctrl＋Alt＋Shift＋N	优化	Ctrl＋Alt＋Shift＋C
添加形状提示	Ctrl＋Shift＋H	分散到图层	Ctrl＋Shift＋D
转换为关键帧	F6	清除关键帧	Shift＋F6
转换为空白关键帧	F7	缩放和旋转	Ctrl＋Alt＋S
顺时针旋转 90 度	Ctrl＋Shift＋9	逆时针旋转 90 度	Ctrl＋Shift＋7
取消变形	Ctrl＋Shift＋Z	移至顶层	Ctrl＋Shift＋↑
上移一层	Ctrl＋↑	下移一层	Ctrl＋↓
移至底层	Ctrl＋Shift＋↓	锁定	Ctrl＋Alt＋L
解除全部锁定	Ctrl＋Alt＋Shift＋L	左对齐	Ctrl＋Alt＋1
水平居中	Ctrl＋Alt＋2	右对齐	Ctrl＋Alt＋3
顶对齐	Ctrl＋Alt＋4	垂直居中	Ctrl＋Alt＋5
底对齐	Ctrl＋Alt＋6	按宽度均匀分布	Ctrl＋Alt＋7
按高度均匀分布	Ctrl＋Alt＋9	设为相同宽度	Ctrl＋Alt＋Shift＋7
设为相同高度	Ctrl＋Alt＋Shift＋9	与舞台对齐	Ctrl＋Alt＋8
组合	Ctrl＋G	取消组合	Ctrl＋Shift＋G
文　本			
粗体	Ctrl＋Shift＋B	斜体	Ctrl＋Shift＋I
左对齐	Ctrl＋Shift＋L	居中对齐	Ctrl＋Shift＋C
右对齐	Ctrl＋Shift＋R	两端对齐	Ctrl＋Shift＋J
增加	Ctrl＋Alt＋→	减小	Ctrl＋Alt＋←
重置	Ctrl＋Alt＋↑		
控　制			
播放	Enter	后退	Shift＋，
转到结尾	Shift＋。	前进一帧	。
后退一帧	，	测试	Ctrl＋Enter
测试场景	Ctrl＋Alt＋Enter	启用简单帧动作	Ctrl＋Alt＋F
启用简单按钮	Ctrl＋Alt＋B	静音	Ctrl＋Alt＋M
调　试			
调试	Ctrl＋Shift＋Enter	继续	Alt＋F5
结束调试会话	Alt＋F12	跳入	Alt＋F6

　　在 Flash 中，当选择整个"文字"图层时，所建立的动画将针对每两个关键帧来建立的动画。

命 令	快 捷 键	命 令	快 捷 键
跳过	Alt＋F7	跳出	Alt＋F8
窗 口			
直接复制窗口	Ctrl＋Alt＋K	时间轴	Ctrl＋Alt＋T
工具	Ctrl＋F2	属性	Ctrl＋F3
库	Ctrl＋L，F11	动作	F9
行为	Shift＋F3	编译器错误	Alt＋F2
ActionScript2.0 调试器	Shift＋F4	影片浏览器	Alt＋F3
输出	F2	对齐	Ctrl＋K
颜色	Alt＋Shift＋F9	信息	Ctrl＋I
样本	Ctrl＋F9	变形	Ctrl＋T
组件	Ctrl＋F7	组件检查器	Shift＋F7
辅助功能	Alt＋Shift＋F11	历史记录	Ctrl＋F10
场景	Shift＋F2	字符串	Ctrl＋F11
Web 服务	Ctrl＋Shift＋F10	隐藏面板	F4
帮 助			
Flash 帮助	F1		

其他命令集

命 令	快 捷 键	命 令	快 捷 键
舞台工作区			
面板焦点前置	Ctrl＋F6	面板焦点后置	Ctrl＋Shift＋F6
选择舞台	Ctrl＋Alt＋Home	选择下一个对象	Tab
选择上一个对象	Shift＋Tab		
动作面板			
自动套用格式	Ctrl＋Shift＋F	语法检查	Ctrl＋T
显示代码提示	Ctrl＋Spacebar	脚本助手	Ctrl＋Shift＋E
隐藏字符	Ctrl＋Shift＋8	行号	Ctrl＋Shift＋L
自动换行	Ctrl＋Shift＋W	再次查找	F3
查找和替换	Ctrl＋F	转到行	Ctrl＋G
平衡大括号	Ctrl＋'	缩进代码	Ctrl＋[
凸出代码	Ctrl＋]	成对大括号间折叠	Ctrl＋Shift＋'
折叠所选	Ctrl＋Shift＋C	折叠所选之外	Ctrl＋Alt＋C
展开所选	Ctrl＋Shift＋X	展开全部	Ctrl＋Alt＋X

组装好电脑硬件后，还需要进行测试，看硬件是否工作正常，如果一切正常，则可以将机箱的侧面板安装上，完成安装工作。

续表

命　令	快　捷　键	命　令	快　捷　键
切换断点	Ctrl＋B	删除所有断点	Ctrl＋Shift＋B
固定脚本	Ctrl＋=	关闭脚本	Ctrl＋-
关闭所有脚本	Ctrl＋Shift＋-	导入脚本	Ctrl＋Shift＋I
导出脚本	Ctrl＋Shift＋P	首选项	Ctrl＋U

工具命令集

图　标	名　称	快　捷　键
	选择工具	V
	部分选取工具	A
	任意变形工具	Q
	渐变变形工具	F
	3D 旋转工具	W
	3D 平移工具	G
	套索工具	L
	钢笔工具	P
	添加锚点工具	=
	删除锚点工具	-
	转换锚点工具	C
	文本工具	T
	线条工具	N
	矩形工具	R
	椭圆工具	O
	基本矩形工具	R
	基本椭圆工具	O
	铅笔工具	Y
	刷子工具	B
	Deco 工具	U
	骨骼工具	M
	绑定工具	M
	颜料桶工具	K
	墨水瓶工具	S
	滴管工具	I
	橡皮擦工具	E
	手形工具	H
	缩放工具	Z

显卡驱动程序可以通过手动或自动进行安装。